• 雨城区凤鸣蝉花顶茶园（雨城融媒提供）

人人学茶

# 第一次品藏茶就上手

Ya'an Dark Tea

图解版

胥伟 陈盛相 主编

旅游教育出版社
·北京·

# 编委会

主　编：

胥　伟　陈盛相

编　委：

李品武　李红兵　赵以桥　李　霄　邹　瑶

许靖逸　毛　娟

# 前言
PREFACE

藏茶，在茶叶科学分类体系内，从属于六大茶类之黑茶。过去主要为边疆游牧民族饮用，俗称“边茶”或“边销茶”，因而知道的人并不多。自20世纪80年代初，随着中国经济迅速腾飞，人民的生活水平提高和饮食的丰富，导致脂肪和蛋白质摄入过量，以前在中国鲜见的“富贵病”变成了常见病、多发病，高血压、高血脂、高血糖等代谢性疾病困扰着规模不小的患者群体。“粗茶淡饭”的生活方式再次进入人们的视野。随着茶学学科和现代医学的交叉研究，藏茶的神秘面纱被逐渐揭开。这个为藏族、回族、蒙古族、维吾尔族等少数民族同胞所倚重的健康饮料逐渐进入内销市场，其潜在的保健功效迅速推动了藏茶产品的规模化生产和普及。

因编者供职于四川农业大学茶学系的缘故，应旅游教育出版社赖春梅老师的邀约，希望能接手写作“人人学茶”系列丛书中的藏茶书稿，方便茶友学习关于藏茶方面的相关知识。2019年6月至7月，编者在与赖老师经网络和电话沟通多次写作提纲后，随即着手本书的编撰工作。编者邀请茶学专业老师、茶文化学者和相关政府、企业的涉茶人员参与写作与书籍资料的收集工作。于此，对在编写过程中提供了帮助的各位前辈及朋友表示感谢，对四川农业大学茶学系胡小莉、徐冉、杨雪、周虹余等同学所做的文字整理和校对工作表示感谢。

自2007年始，编者开始从事藏茶方面的研究工作，至今已有十余个年头。从决定编写此书时起，希望写就一本知识性、专业性凸显且图文并茂的藏茶书籍，以满足出版社和广大藏茶爱好者的要求和期望。由于藏茶的历史久远、产品体系丰富、工艺体系复杂、保健功效突出，如何科学、严谨而系统地将相关知识点采用通俗易懂的方式为大家呈现，着实伤了些脑筋。编写人员在实地走访并查阅了大量文献资料后完成了初稿，经与相关专家、教授及一线从业者沟通交流，编者对初稿进行了多次修订，最终定稿。尽管我们力求尽量完美，但由于编写时间较紧，编者的知识水平有限，书中不妥之处在所难免，诚恳希望广大读者提出宝贵意见，以供再版之时采纳修订。

胥伟

2021年12月于成都

# 目 录
CONTENTS

第一篇 溯源——“藏（zàng）茶”一词的起源及含义 / 001

一、藏茶的概述 / 002

二、藏茶一词的起源与推广 / 003

三、茶叶入藏的可考时间节点 / 008

四、藏茶生产工艺的演变 / 009

延伸阅读：吴理真与玉叶仙子的爱情故事 / 012

“商办藏茶公司筹办处”设立的前因后果 / 013

第二篇 茶政——藏茶产业绕不过的时代大背景 / 019

一、唐：茶马互市初步形成 / 020

二、宋：茶政变革多元，从榷茶制到茶引制 / 021

三、元：实行榷茶制，以充实国库 / 025

四、明：以茶易马的茶引制度 / 027

五、清：设茶马司，实行茶引制 / 029

六、民国：印茶入藏，南路边茶入藏地位一落千丈 / 032
七、新中国：国家补贴，保障民生，藏茶复兴 / 035

第三篇 产地——藏茶的原料沃土 / 039

一、雅安市的概述 / 040
二、雅安建置的历史传承 / 041
三、雅安藏茶原料的产区范围 / 042
四、原料茶主产区的自然条件和原料特点 / 044
五、雅安藏茶的主要生产地——雨城、名山 / 048

第四篇 工艺——孰对孰错厘不清 / 057

一、原料茶的生产方式（鲜叶的生产）/ 058
二、原料茶的初制工艺 / 061
三、毛茶加工工艺 / 074
四、藏茶罐体式渥堆发酵创新工艺 / 089

第五篇 产品——藏茶产品及藏茶生产企业历史沿革 / 095

一、藏茶品种与商标 / 096
二、南路边茶产品的质量控制 / 101
三、藏茶（南路边茶）生产企业的沿革 / 107

第六篇 流通——茶马古道是由“背子”的血汗铸成 / 115

一、南路边茶原料茶的调入 / 116

二、南路边茶原料茶的收购 / 120

三、南路边茶的运输路线 / 128

四、背夫 / 131

五、驮运 / 134

六、现在的边茶运输 / 135

七、南路边茶商会 / 136

第七篇 藏选——藏（zàng）茶之藏（cáng）茶之趣 / 137

一、影响贮存期茶叶品质的环境因素 / 138

二、雅安藏茶存放过程的品质变化 / 142

三、藏茶的存储方法 / 146

四、藏茶的收藏 / 147

第八篇 品饮——藏茶的品鉴与冲泡 / 153

一、藏茶的品饮要求 / 154

二、传统藏茶的鉴别 / 157

三、藏茶常见的冲泡方法 / 158

四、藏茶冲泡的关键 / 159

五、调饮茶 / 159

第九篇 功效——大众健康的守护神 / 163

一、藏茶主要活性物质 / 164

二、藏茶主要生物学功能 / 167
三、展望 / 173

第十篇 文化——藏茶的茶饮、茶食及茶为药用 / 177

一、藏族饮茶习俗形成的原因 / 180
二、藏族茶饮 / 181
三、藏族茶礼茶俗 / 186
延伸阅读：打酥油茶 / 189

参考文献 / 191

# 第一篇

## 溯源——“藏（zàng）茶”一词的起源及含义

据《四川茶业史》载：清光绪三十四年（1908年），为抗击英国侵略，抵制印茶（印度茶叶）入藏，川滇边务大臣赵尔丰和四川总督大臣赵尔巽兄弟共同主持，在雅安挂牌成立“商办藏茶公司筹办处”，“藏茶”之名从此诞生。

# 一、藏茶的概述

雅安藏茶是典型的黑茶。中国黑茶起源于四川，早期的四川茶叶运往西北易马，交通不便，运输困难，必须缩小体积，蒸制紧压，以便长途运输，茶叶品质因此发生变化。从唐宋蒸青团饼茶到明代散装叶茶，明末将散茶筑制成包，成为紧压砖茶，经历了长期的传承发展，形成了独具特色的制作工艺。

雅安藏茶干茶褐黑油润呈猪肝色，汤色红黄明亮，香气浓郁持久，滋味醇和悠长，尤其是加入酥油而成的酥油茶，加入牛奶、盐、核桃仁末等煮制成的奶茶，更是我国广大西部地区藏、蒙、维、回等民族同胞“朝夕不可或缺”的饮品，当地有“宁可三日无粮，不可一日无茶”、“一日无茶则滞，三日无茶则病”的民谚，还有称藏茶为民族茶、团结茶、政治茶、友谊茶、军需茶等美誉。

雅安藏茶在不同的历史时期名称不同，五代称火番饼（五代毛文锡《茶谱》:“临邛数邑茶，又有火番饼，每饼重四十两，入西番、党项，重之。如中国名山者，其味甘苦。”），元代称西番茶（元朝忽思慧撰《饮膳正要》载：“西番茶，出本土，味苦涩，煎用酥油。”），明代称乌茶（据《甘肃通志》记载，明嘉靖三年<1524年>，湖南安化就仿四川“乌茶”制法并加以改进，制成半发酵黑茶），清代称南路边茶（清乾隆后，川茶分为“南路边茶”和“西路边茶”。成都茶出南门以远，沿途所产统称“南路边茶”，成都老西门出城，沿途所产称“西路边茶”），还有中国藏茶、四川边茶、边销茶、大茶、雅茶等名称。

行业标准《GH/T 1120-2015 雅安藏茶》对雅安藏茶的定义为：在雅安市辖行政区域内，以一芽五叶以内的茶树新梢（或同等嫩度对夹叶）或藏茶毛茶为原料，采用南路边茶的核心制作技艺，经杀青、揉捻、干燥、渥堆、精制、拼配、蒸压等特定工艺制成的黑茶类产品，具有褐叶红汤、陈醇回甘的独特品质。简言之，在雅安境内采用符合原料标准生产的南路边茶，即为“雅安藏茶”。

## 二、藏茶一词的起源与推广

常与茶友闲聊，经常会探讨到的一个话题：茶树原产地的问题。茶树原产地本质上是一个严谨的自然科学问题，但因茶叶在国际贸易上的重要地位，时常受到政治因素的影响，故在前些年出现了茶树印度起源说，抑或其他国家起源说的观点，均是为了巨大的国际贸易利益服务的。近些年的自然科学研究结果显示，尤其是我国西南茶区大量野生大茶树的发现，以及在遗传多样性研究方面成果的公布，已在国际上形成共识：我国西南地区为茶树发源地，其后，随着河流的迁移和经贸的发展而在世界其他国家传播。

茶树，这个生物种进化出现的时间虽还未能得到清晰的证实，但我国从开始种茶、制茶、饮茶至今已有三四千年的历史，最早对茶的认知可以追溯到神农氏时代。有文字记载以来，我国最早进行人工种植茶树的历史可以追溯至西汉吴理真。宋代王象之《舆地纪胜》载：“西汉时，有僧自岭表来，以茶实植蒙山。”而后，《四川通志》卷四十记：“汉时名山县西十五里蒙山甘露寺祖师吴理真，修活民之行，种茶蒙顶。”公元前153年，吴理真在蒙顶山（今四川省雅安市境内）发现野生茶的药用功能，于是在蒙顶山五峰之间的一块凹地上，移植种下七株茶树。清代《名山县志》记载，这七株茶树“二千年不枯不长，其茶叶细而长，味甘而清，色黄而碧，酌杯

甘露石屋（何涛 摄）

吴理真肖像（何涛 摄）

皇茶园七株仙茶树（何涛 摄）

注：甘露石屋又名蒙顶石殿、石门、石柱、石室、石亮，为双檐歇山式全石结构建筑，面积约为12平方米。相传此屋为汉时吴理真在蒙顶山种茶时休憩之所，明嘉靖十九年（1540年）由僧洪音立石室作凭吊祭祀之用，并题"蒙山胜景"于石门之上，左右对联曰："突兀危峰昭禹迹，蓬瀛佳境自天成。"此室明未曾维修，历经历史沧桑，此室仍然保存完好。

皇茶园位于形似莲花的蒙顶五峰之中，相传是西汉甘露年间（公元前53年—前50年）邑人吴理真培育七株仙茶之地，面积为12平方米。《名山县志》载："名山之茶美于蒙，蒙顶又美之，上清峰茶园七株皇茶二千年不枯不长，其茶叶细而长，味甘而清，色黄而碧，酌杯中香云蒙覆其上，凝结不散，谓曰'仙茶'。每岁采贡三百六十叶，天子祭天及祭太庙用之，称正贡。皇帝享用的称副贡，在五峰间采撷，王公大臣享用的称陪贡，在五峰之下采撷。蒙顶茶自唐至清'年年岁岁，皆为贡品'，一千多年从未间断。"

据史政可考，蒙顶山是我国有文字记载人工种茶最早的地方，皇茶园是蒙顶山作为世界茶文化发源地的有力佐证。皇茶园石栏始建于唐，宋孝宗淳熙年间命名。园后有"石虎护茶"雕塑，将"保护茶园的巡山白虎"神话传说再现蒙顶。

中香云蒙覆其上，凝结不散”。吴理真种植的七株茶树，被后人称作“仙茶”，而他则被世界公认为种植驯化茶树第一人，被后人称为“种茶始祖”。

深处西南地区的四川，是我国重要的茶叶原产地之一，而雅安又是四川茶叶重要的产地之一（雅安，传说乃女娲补天最后一处未完工之处，女娲娘娘坠落凡间化身碧峰峡，故一年有300日飘雨，素有“天漏之城”的雅称）。雅安，不仅有著名的三雅文化（雅女、雅鱼和雅雨），而且还是我国重要的茶文化圣地。历史上，雅安生产的黑茶也被叫做雅安边茶（现多称为“雅安藏茶”，为保持统一，后文以“雅安藏茶”表述），即主要销往康藏地区的边销茶，它是藏、蒙、回、维等族人民不可或缺的日常生活必需品，在边疆民族人民生活中占有很重要的位置。因而在历史上，雅安藏茶不仅仅只具有饮料的属性，更重要在于其政治影响，历朝历代的统治者们都通过对边茶销售权力的控制而垄断藏茶的流通，从而达到以茶治理边疆的目的。

雅安藏茶，具有悠久的历史，是与康藏、西藏、藏民族以及我国历史上西北部蒙、维、回、羌等民族互有紧密联系的产品。雅安藏茶在不同的历史时期又存在不同的称谓，比如黑茶、乌茶、边茶、边销茶、四川南边茶、四川雅安藏茶、大茶、

碧峰峡自然景区（胥伟 摄）

雅茶等，实则是指产于雅安，唐宋以来专供西藏、青海、甘肃以及四川甘孜、阿坝等地区的茶叶。解放后，雅安藏茶依然是康藏等边疆地区人民的生命之茶（藏族同胞人均年饮茶量可达8公斤），并因其独特的品质和功效而渐被内销市场广泛接受。因茶叶科学技术的发展，及茶叶科学分类体系的建立，现雅安藏茶名称的使用在多数语境下仅指雅安地区生产的黑茶。

藏茶一词，首次出现是在怎样的历史背景下，其代表的含义又是什么呢？

据《四川茶业史》载：清光绪三十四年（1908年），为抗击英国侵略，抵制印茶（印度茶叶）入藏，川滇边务大臣赵尔丰和四川总督大臣赵尔巽兄弟共同主持，在雅安挂牌成立“商办藏茶公司筹办处”，联合雅安、名山、邛崃、荥经、天全五县茶商，于1910年4月正式成立“商办边茶股份有限公司”。公司纲领是“藏茶公司为抵外保内而设”，“为保全川藏茶权利，关系重大”，“本系特别创举”。“藏茶”之名从此诞生。从该段文字，我们可以清晰地看出，“藏茶”一词虽已出现，但该词出现于公司名称，更多体现在地名的含义上，且在其后落实的名称上，对于茶类的定义，还沿袭边茶这一称谓，即商办边茶股份有限公司。由此可见，此时的藏茶一词，尚未对“藏茶”进行茶类的清晰定义。

如前文所述，清代对雅安所产黑茶的主要称呼为“南路边茶”，长期以来，雅安所产黑茶主要以“边茶”、“边销茶”、“南路边茶”等称谓为主。但近二十年间，雅

兄弟友谊茶叶公司（雅安市友谊茶叶有限公司提供）

安黑茶从业者将雅安黑茶以藏茶之名向全国茶业消费区进行推广，藏茶之名便在消费者心目中留下了烙印。现如今，四川省内的专业人士还习惯称雅安黑茶为边茶或南路边茶，但消费者已不知南路边茶为何物，而熟知藏茶之名。中央民族大学罗莉教授在其指导的硕士论文《雅安藏茶的可持续发展研究》一文中提到：“边茶”旧称改为“藏茶”尊称，为文化界、艺术界和民间普遍认可，大大提高了雅安藏茶的声誉。“藏茶汉饮”理念的提出和新产品的开发，改变了千百年来藏茶只供藏区饮用的历史，为藏茶走向全国乃至世界大市场提供了理论基础。

由此可见，雅安藏茶之名虽源于前文所述“筹备藏茶公司”，但真正将“藏茶”二字赋予茶类意义的时间其实很短。历史车轮推动着黑茶产业的发展，原来只在藏区消费的雅安黑茶，现已向内地广泛销售。因此，雅安藏茶现如今又分为内销藏茶与边销藏茶（南路边茶）。黑茶形态起源于落后的交通方式下为方便长途运输而筑压成砖型，而现如今快捷化的生活方式又催生出便捷化的冲泡需求，除传统的紧压型藏茶，雅安藏茶又衍生出散藏茶。西藏，历来是旅游胜地，网红打卡地，藏茶也顺

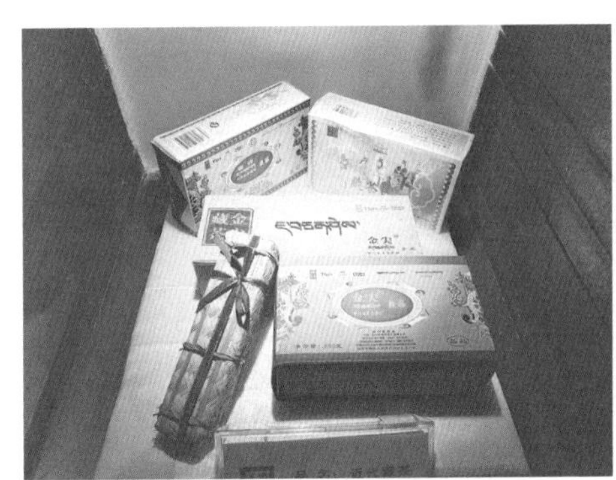

创新型内销藏茶（左）；传统篾条型藏茶（右）（陈盛相 摄）

紧压藏茶（左）；装饰藏茶（右）（陈盛相 摄）

应文创市场需要，早在十几年前，就开始制作并销售装饰类产品，与传统的“饮用藏茶”不同，这种产品主要用于装饰，故名“装饰藏茶”，现今装饰藏茶有桌面摆件、房屋装饰等不同功用。

从1908年挂牌成立“商办藏茶公司筹办处”，到本世纪初在茶文化历史上使用“藏茶”和“藏茶汉饮”的文字叙述，“藏茶”二字才真正被赋予了茶类之定义。为了推动雅安藏茶产业健康发展，2007年由雅安市茶叶协会组织的“雅安藏茶”证明商标顺利申报，雅安藏茶从此成了法定的名称。进入2008年，雅安藏茶（南路边茶）传统制作技艺列入第二批国家级非物质文化遗产名录。2017年，“雅安藏茶”地理标志证明商标由雅安南路边茶商会申报，经国家工商行政管理总局商标局核准，于同年7月正式授予地理标志证明商标。2020年，由浙江大学CARD中国农业品牌研究中心、中国农业科学院茶叶研究所《中国茶叶》杂志、浙江大学茶叶研究所、浙江永续农业品牌研究院等权威机构联合开展的“2020中国茶叶区域公用品牌价值评估”研究结果显示，“雅安藏茶”区域公用品牌价值评估为19.90亿元人民币。

## 三、茶叶入藏的可考时间节点

四川的茶叶是何时传入西藏的？到目前为止，尚没有确定的史料记载。但通常人们认为，茶叶传入藏区的时间就是雅安藏茶（四川南路边茶）形成的开始。四川黑茶的发展历史，可以追溯至北宋年间。北宋熙宁年间在1074年，四川采用绿毛茶做色变黑，蒸压成形，制成“乌茶”，用以与西北民族政权交换马匹。因早期茶叶产地有限，而边区游牧民族又已饮茶成癖，南方茶叶产区遂用较为成熟的茶树枝叶蒸压成捆包形式运往需茶量极大的边区，用以交换马匹，以巩固中原的政治和军事力量。

而藏区人民从何时流行饮茶风尚？多数人认为是唐朝文成公主进藏“和蕃”时带去了第一批茶叶。文成公主进藏，为汉族和藏族人民之间架起友谊的桥梁，汉族的文化和科学技术逐渐进入西藏。特别是与西藏接壤的四川西南部的茶叶，以正规渠道输入西藏。据《西藏政教鉴附录》记载，唐贞观十五年（641年），“茶亦自文成公主入藏土也”。再如《中国史纲要》（二）中记载“安史之乱后的三十年里”，“汉族地区的茶叶传入吐蕃”，这比文成公主进藏带去第一批茶的说法，在时间上要晚一百多年。又据《甘孜藏族自治州史话》记载“茶叶入藏区之始，正是藏文字创字之时”，这又比文成公主带茶进藏之说要早十年。再如《西藏史话》载：“茶叶产于内地，藏王赤都松时期（676-704年）开始传入西藏。”“公元八九世纪开始，饮茶在整个藏区开始盛行，所需茶叶越来越多。藏族人大都居住在海拔三四千米以上的高寒地区，以不易消化的牛羊肉类、青稞、奶酪等为食物……他们最喜欢饮用的茶是四川雅安及周边地区产的边茶。”藏文古籍《汉藏史集》中也记载有茶叶引进西藏的故事，只不过最初做药用，而非饮料。

而在考古界完成的一项研究工程所得出的成果，可能要改写茶叶进藏历史了。根据最新考古发现，中国科学院地质与地球物理研究所新生代地质与环境研究室古生态学科组研究员吕厚远与国内外同行合作，根据植硅体、植钙体和生物标志物具有植物分类的潜力和长期保存的特点对西藏阿里地区故如甲木寺遗址出土的疑似茶叶残体开展了系统的植物鉴定和年代学分析工作。结果证明：西藏阿里地区故如甲木寺遗址出土茶叶的年代距今约1800年左右（约公元216年，中原地区正处于东汉时期），西藏属于古象雄王国时期，这比文成公主入藏早了整整400余年，考古研究成果将茶马古道的历史再次向前推进了一大步。

## 四、藏茶生产工艺的演变

藏茶，从属于黑茶大类，而黑茶又是六大茶类之一，因原料选用较为成熟，加之制作过程中堆积发酵时间较长，叶色黑褐油润，故称黑茶，历史上为中国所特有，但现在日本也有黑茶产品的生产。黑茶品种数量多，产区范围广，生产历史久，又因其主要销往西北游牧民族地区，故习惯上也称边销茶和边茶。

从中国茶产业发展脉络的角落出发，追本溯源。茶，初始为药用，故在我国早期，茶鲜叶加工成茶叶的方式较为简单，现在被公认的方式为简单的晒干工艺（从六大茶类的加工角度出发，简单的晒干应为白茶，在晒干之前是否用开水焯过？这个问题的答案决定了初始加工方式为白茶还是绿茶），后来经过工艺的创新，原始的晒干工艺则逐步发展成为蒸青工艺，制成蒸青茶。在五代（935年前后）时期，毛文锡《茶谱》云："潭邵之间有渠江，中有茶……其色如铁，而芳香异常，烹之无滓也。"，其文中所提"色如铁"的渠江薄片很多专家学者认为乃现代黑茶的前身。到了北魏时期，张揖在《广雅》中记载："荆巴间采叶作饼，叶老者饼成以米膏出之。"由此可见，此时已有了较成熟的蒸青茶生产工艺，广泛生产蒸青饼茶。到了唐朝，随着宫廷用茶的盛行，达官贵人、文人雅士争相品鉴名茶，附庸风雅，茶叶的品名就自然多了起来，在雅安地界内，生产的蒸青团茶就有"雷鸣"、"石花"、"龙团"、"凤饼"数种。

随着大唐茶文化的盛行以及文成公主的进藏和亲，内地的茶叶便开始大量输入西域和吐蕃，但茶叶消费在边疆的重要程度尚未引起中原地区当政者的注意，故尚未设置专门的茶政机构来管理茶马互市。因此，便也没有专门的边销茶叶，当时的边销茶便和内销茶是完全相同的。到唐朝后期，战争频繁，为了向边疆牧区买到好马，官府就推行了"茶马交易"政策，在边茶产地设立"茶马司"，专门管理茶马易换业务。这是当时中央政权施行"以茶治边，以茶纳税"的政策之一。随着消费的需要和茶叶加工技术的进步，蒸青团饼茶开始朝向散茶转变，对茶叶加工的品质要求也进一步提高了。蒸青团饼茶改为散茶之后，对于内销市场影响并不太大，本来就是由于消费的需要而进行的革新，但边销茶市场便面临新的挑战。

新的挑战源于产区和销区的距离之远、路况之艰，由此带来茶叶的贮存和运输都极为不方便。虽然在茶叶的包装上面下了很大的功夫，全程采用篾制的包装，以增加包装的耐磨损程度。但是边疆离内地距离实在是太远，路况实在是糟糕，有文献记载，边销茶从雅安地区运往边疆销区，快则半年，慢则一年有余，在如此的物流效率状况之下，篾制包装中制好的新茶，在路途中就因雨水或朝露而受潮发酵。下雨了，就要找个地方避雨，等太阳出来了，把淋湿的茶叶晒干，茶叶受潮了，也要等太阳出来，把茶叶晒一晒。如此一来，茶叶的品质风格便在沿途被动地转化了。按照茶叶加工品质形成原理，茶叶的品质自然就发生了根本性的转变，汤色便由新茶的黄绿逐渐地转向了橙黄或橙红亮，滋味也由醇厚转向醇和，苦涩味降低，叶底的色泽转为棕褐。有些茶叶受潮后甚至结成块状不易打散，这些品质特征当然便不再具有绿茶原有的风格。

至宋朝，四川茶区便开始总结茶叶沿途品质变化的原因，并开始摸索着在产区生产边疆地区喜爱的转色茶叶，利用晒青绿毛茶吸水发酵的方式转色做成"黑茶"，此时，便有了科学意义上的黑茶，但黑茶产生的具体时间已不可考。而黑茶一词，最早出现在明嘉靖三年（1524年），御史陈讲疏奏称："商茶低伪，悉征黑茶"，此为现可考最早出现黑茶一词的史籍。明朝以后，根据边销茶的品质特点和方

笔者采用“九蒸九晒”的方式加工生产的散藏茶汤色图（胥伟 摄）

注：编者在茶叶加工厂模拟日晒雨淋对茶叶的影响，采用“九蒸九晒”之加工方式生产了散藏茶，可以看出茶叶的转化是直接而明显的，汤色真正达到了红亮。

便运输的需求，最先在四川用晒青茶在篾包中蒸压成形，制成专门的边销茶，这也是世界上最早出现的产品与包装同步生成，是世界范围内鲜见的非后包装产品。后来，随着经贸的发展，陆续出现茶叶集散地和再加工地，边销茶的精制生产部分，主要集中在四川、陕西和山西。其中四川加工的边销茶主要销往康藏地区；陕西加工的茶叶则多运往西域；而山西加工的茶叶则主要销往蒙古族地区，并经库伦、满洲里运往俄国。到了清朝初期，就直接把茶叶原料进行发酵后再蒸压成茶砖，运往销区。

如前文所述，边销茶最开始的产品与内销茶并无差异，但有了边销茶的概念和品质的理解之后，边销茶的加工所选用的原料逐步用较为成熟的原料为主来生产。清代的《名山县志》上说：“茶全县（指“名山县”，现名“名山区”，雅安市管辖，蒙顶山即在其境内）皆产，其青衣、大幕两流域曰西山茶，百丈、延镇两流域曰东山茶，东山茶味不如西山，其在谷雨前采者曰雀舌、曰花毫、曰白毫、曰毛尖、曰元汁，行销内地。谷雨后采者曰金玉、曰金仓，行销边疆，大宗出产也。”以后就形成这样的茶类结构，金玉、金仓专销边疆，而白毫、毛尖则既销内地，又兼销边疆。

到20世纪40年代，南路边茶产品有细茶类的毛尖茶、芽细茶、芽砖茶（又称砖茶）和粗茶类的金尖茶、金玉茶、金仓茶等六个品种。以后又停产了毛尖茶、芽细茶、金玉茶、金仓茶，仅保留了康砖茶（解放后芽砖茶改成康砖茶）和金尖茶两种，80年代末期恢复了传统产品毛尖茶和芽细茶的生产（由于市场的限制，产量很小）。现有的四个传统产品中，按中国六大茶类的分类法，毛尖茶和芽细茶属于绿茶类，因为它们完全是用绿茶为原料未经发酵再加工而成；康砖茶则属于黑茶类，虽然它的配料中有绿茶，但主要原料是黑茶原料；金尖茶全部采用黑茶原料加工而成，当属于黑茶类。这四种茶都是紧压茶，都要经过发酵和后发酵，但是在外形、汤色、滋味、香气上各有不同特色。20世纪50年代以后，各边茶加工厂不断进行工艺革新，试制出了很多新产品，如机压砖茶、茯砖茶、佛寿砖茶、龙形砖茶等等，都没有脱离传统南路边茶的主要风格。后来在边茶的深加工基础上又开发生产了速溶加碘藏茶和速溶酥油茶等产品。

从明朝开始直到20世纪，雅安藏茶（南路边茶）已不再单纯是一种农产品的生产，而是形成了包括农村原料生产业，城镇成品加工业（由茶号、茶店等进行），物流运输业（畜力车、骡马帮、人力背运、水运等），商品贸易业（锅庄、藏汉商），消费业以及与之配套产业（铁器业、竹篾业、木器业、造纸业、纺织业等）的规模经济产业链。到1950年西康省（1939—1955年）解放时，雅安藏茶产业是西康省省会雅安的第一大支柱产业。

## ● 延伸阅读

### 吴理真与玉叶仙子的爱情故事

初入蒙顶，叙说茶文化，必然提到吴理真，大家都称他为“手植仙茶第一人”，而发生在吴理真身上的，还有一个凄美的爱情故事。

吴理真家在雅安的陇西河畔，其父母婚后多年一直未能生育孩子，其母直至三十岁有余才有身孕。当父亲的高兴极了，大宴乡里乡亲。次年春，吴理真出生，父母为孩子祈福，取乳名为“长寿”。

吴理真的父亲在当地是一小有名气的药师，医术精湛，接诊看病，保一方百姓健康，家庭也薄有收入。在吴理真小十岁时，家里突遭大的变故，其父亲在罗绳岗一带采摘草药时不慎跌落山崖殒命。其母甚为悲恸，幸得吴理真是个大孝子，凡事体谅母亲，小小年纪便勇挑家中大梁。

有一天，雅安突然降大暴雨，陇西河水徒涨，冲来了许多上游漂浮过来的木柴。经常帮做家务的吴理真急忙披蓑戴笠赶到河边打捞，以备家里日常之用。突然，吴理真看到河畔的杂草丛中有一条小鱼儿挣扎跳跃，此因河水急速退下没来得及挣脱杂草的羁绊而受困如此。吴理真手捧小鱼儿，联想到自己的身世，心生怜悯，遂将其放入河中。此鱼初入水时万分欢快，之后又浮出水面，游弋于河岸流连难舍，很长一段时间才离去。

此鱼便是羌河河神之女玉叶仙子所化。玉叶仙子生性活泼，喜好玩耍，整日待在宫中，甚觉无趣。这一天，她不顾龟相阻劝，冒险逆陇西河而上，不幸遇暴雨倾盆，受困于河畔杂草。巧的是遇见了吴理真，喜的是吴理真帮她摆脱了危险。从此，玉叶仙子多了一份思念，时常沿陇西河而上，细瞧那个瘦削的少年。

蒙顶山的最高处为玉女峰，峰上有蒙茶仙姑、甘露石屋。这位仙姑便是羌江河神的女儿玉叶仙子，她来到蒙顶山，与吴理真相爱。河神知道两人的情况后大发雷霆，坚决不同意，并采取了种种手段，活活拆散了他们，带走了玉叶仙子。此后，玉叶仙子逃出了河神府，来到蒙顶山化作一座山峰，与吴理真相伴。后人为纪念这段凄美的爱情故事，在雅安青衣江畔，立下两人爱情石像，永作纪念。

## “商办藏茶公司筹办处”设立的前因后果

茶叶的产销在我国有着悠久的历史，不仅在经济生活中有着重要的位置，还是内地与西北、康藏各少数民族地区经济交往的纽带。在鸦片战争以前，中国的茶叶、丝绸等远销英、美、非洲等地。在对外贸易中，中国处于优势地位，茶叶声誉远扬海外。在国内市场中，茶叶主产汉族地区，以换取我国西北、西南少数民族地区羊毛、药材等特产，促进了民族间的经济文化交流。

觊觎茶叶在国际贸易上的丰厚利润，在完成第一次工业革命并占领印度后，英国便在印度开辟了茶场，因具有先进的技术，英国逐渐在国际市场动摇了我国的茶叶产销地位。光绪三十二年（1906年）《四川官报》的一则消息：“查奥俗绅贵妇女，每日下午烹茶，邀游聚欢，名曰‘五钟茶’。今中人之家亦多仿效，且誉为‘华茶’，茶市因而大盛。业茶者支那人，华服华冠，招来买主；或用中国幼孩为标记，其实所卖印、锡、爪哇茶为多。稍合华茶，已为极品。日本茶俱汉文书写‘支那’字样。”由此可见，日本在完成工业革命后，为掠夺市场，不惜掺和华茶在内并标注华茶字样来销售茶叶。而我国茶叶产销仍然处于封建落后的经营方式，以致“一九〇五年以后，华茶国际销售量的首席地位，一举为印茶所取代。直到国民党统治时期，华茶在国际市场的地位更加愈下了”（详见陈一石在《清末印茶与边茶在西藏市场的竞争》文中论述）。

鸦片战争后，世界列强加深了对中国的侵略，其侵略势力从沿海边疆延伸到中国内地，西北部有俄势力、西藏有英势力、云南有法势力等。甲午中日战争之后，中国更是沦为被进一步瓜分的境地，而在诸多势力中，以英侵略势力最大且持续时间最久。英国先后占领不丹、尼泊尔等地，这些国家和地区原属西藏的邻国或藩属，相继被英控制后，西藏便成为了英国侵略的下一目标。

据刘贯一在《帝国主义侵略西藏简史》书中记载：“英国侵略西藏，乃旨在吞并西藏”。不久又补充“英国不仅要吞并西藏，曾想通过西藏，再进而侵略中国内地。”英帝国深知汉、藏之间物质关系最密切唯边茶，因此在印度积极经营茶叶，乘机将其势力触角伸入西藏，对西藏进行政治、经济各方面的侵略。侵略西藏的政治途径分为派人潜入西藏、签立条约及培养亲英分子离间中央与西藏的友好关系。英国统治集团期望首先在经济上控制西藏，从而在西南打开中国门户。由此可见英印政府欲将势力伸入中国的决心。

欧洲传教士是最早的扩张向导者。关于他们的事迹，可以追溯至明朝天启年间，在此后的时间里，相继有数名传教士进入西藏，企图通过传教活动提高喇嘛教的作用，削弱中央政府的权力，但效果不佳。英国于1774年和1783年分别派遣侦察队前往西藏，以窥探西藏的情报及路线，又鼓动廓尔喀部落进犯西藏达到英国的目的。为此英国不仅培养间谍（间谍的训练由测绘总局一位高级职员蒙特戈麦里上校和他的助手、学生负责主持），又在19世纪后期派专业队伍进藏。西藏人民积极抵抗英人的侵略，也向清廷奏明了情况，虽前期得到一定支持，但在后期，清廷忙于与帝国主义国家东部的战事，逐渐放松了对西南地区的警惕，汉藏关系松弛，还留下了达赖日后出走印度的隐患。

英人派遣人员潜入西藏是为获取更大利益，一系列条约的签订是获取利益的保障。自1858年中英签订《中英天津条约》后，英国在1868和1874年前后两次派遣探险队探查中国边境，试图开凿缅甸与云南的道路，期间发生了震惊中外的“马嘉理事件”。1876年后，《中英烟台条约》的签订，允许英国人以旅行方式，从四川、甘肃、青海或印度直接进入西藏。之后，传教士、旅行家、探险家开始名正言顺地走进我国康区及藏区。1888年（清光绪十四年），英国乘机发动侵藏战争，于1890年，中英签订《藏印条约》，1893年又签订续约开放亚东并规定五年内藏印贸易互不收税，标志英人打开了西藏的大门。自此，英印茶开始输入西藏，对我国西南地区茶叶市场造成冲击。

英国为达到分裂中国的目的，政治上采取多方面破坏西藏与中央的关系及打探西藏的情报等措施，经济上开始掠夺和印茶倾销，载“茶叶应该是他们控制西藏市场的唯一产品。因此，他们竭力争取立即与西藏进行茶叶贸易”，由此开始采取以印茶输藏为经济手段侵略康藏地区。

在签印藏条约和续约后，“英帝国主义以这种不平等条约作基础，便一面扩张势力，一面离间汉藏关系”。为此，英国制定出20世纪英国在藏区的目标，“首先是在西藏精英层中培养亲英情绪；其次是影响西藏的外交事务；再次是发展贸易作为英国与西藏关系中的重要部分”。为实现其占领西藏进而占领中国内地的计划，英国首先对藏区加强了商业扩张。据派遣的考察队等反馈的信息得知，茶叶、制造业、瓷器等是汉藏间贸易的主体。“藏人需要的商品的确很多，其中大半是由中国其他各省运到西藏的。占首要地位的是茶叶，其次是棉织品”，经过实地考察“他们认为印茶一旦打入西藏市场，不仅换取大量珍贵的药材和工业原料，更重要的是印茶排挤川茶，截断西藏与中央王朝的联系，对控制西藏的政治与经济，其意义尤为重大”。由此英帝国开始依靠政治打开通商口岸后便大量向藏区人民侵销茶叶。

英帝国占领印度后，大量种植茶树，英人利用印度与西藏毗邻的便利，欲将廉价的大吉岭茶销售与西藏，虽印茶刚进入藏区时，藏族民众因口感不合而拒绝饮印茶，但因印茶价格低廉、清廷无暇管理等因素无奈转而购印茶。曾在1886年就有一位俄国外交官指出“按照英国人的想法，大吉岭茶叶若能向西藏大量侵销，即可把四川茶叶从西藏市场上排挤出去”。而英国人李顿对印茶销藏也是信心满满，道“大吉岭茶叶会破坏拉萨及其邻近各地的中国茶叶贸易，这是毫无疑问的”。辛亥革命后，就茶叶而言，西藏大部分茶叶市场被印度茶所占领。

综上所述，英国掠夺茶叶贸易的意义及采取的手段不仅严重影响了汉藏茶叶贸易，还破坏了民族间的兄弟友谊。众所周知，南路边茶主要销与康藏地区，现今印茶以低廉的价格优势逐渐迫使南路边茶销量降低。关于川茶在西藏遭受之销售危机，刘轸指出，“外国人从事贸易于西藏者，以英领印人为巨擘，盖由印之与藏不啻唇齿，较诸他方转运殊易之所致也。当清乾隆五十七年中国与尼泊尔失和，互构干戈，藏印山道梗阻，商旅束足，印度贸易因此大生顿挫，乃后息争商道通，藏印贸易乃不仅恢复旧观，印度所产砖茶每岁更攘逐中国所产，夺其销路”。

印茶入藏初期，因藏族民众宁购买相对昂贵的边茶亦不愿购买低廉混有“机油”味道的印度茶叶，英人认为是茶叶制作的问题。曾派精通中国话的传教士夏时雨常常到雅安孚和茶号厂里打探制茶方法，欲重金聘请孚合茶号的二位老师傅杨振手、李五爷前往国外制运销康藏地区的茶包，但遭到拒绝。据载，二人在面临聘请时道：“我李老五、杨胡子二人本是穷农民，才学点制茶的手艺，为吃为穿过好日子。我们原本是爱钱的，不过我们要看钱的来路正不正派。你们外国人叫我们阴倒跑，是不正派的，阴倒许我们重金叫我们去国外替你们制茶，运销我国藏族地区，吸取我国金钱，夺取我国茶业，盗取我国工人和茶农的饭碗更不正当，假使我们工人依你们的话，发了大财，抱财回家，亲戚朋友都会叫我们卖国贼。”可见茶叶工人捍卫茶业主权的决心。

印茶凭借英国武力入侵进入康区，因手工制茶成本本就高、背夫运茶进康区、政府收取茶税等各方面的原因，使得我茶商的利润受损。此时，康区面临的主要问题集中在茶叶质量问题及茶税的问题。

当时印茶入侵，茶叶市场开始出现低迷状态，不乏存在茶商掺和假茶导致茶叶质量降低。据载，“早年茶产自乡，茶摘后济有乡贩与乡户朋比为奸，作伪掺假，鱼目混珠。商人销引在急，不辨清浊，误受乡户、乡贩欺诈颇多”。又指出“茶株种植在乡，采摘亦在乡，真伪掺杂亦在乡。早年厚道乡农，无所作意。自前数年水旱不济，树老枝枯，乡农遂有矫揉等弊”。由此表明，因受到印茶入侵和天灾的影响，导致茶农、茶贩及茶商为维护自身利益掺和假茶。在制作茶叶过程中将其他树木的叶子掺入其中是较普遍的情况，掺假茶的行为官府不仅未给予有效管理反而自认是增加税收的渠道，给川茶业的声誉带来了一定的负面影响。类似情况在上奏后引起了当时川边总督赵尔丰的关注，并着手加以整顿。

清初边茶课税较低，每引以四厘九息，但至光绪时期，边茶每引课税竟达到一两以上。可见，此时的清王朝财政已经出现困难，不断在茶业上增加税收，茶商亦面临破产的危机，而在此种情况下加重茶税必然引起价格的上涨，为印茶的入侵提供可乘之机。

茶税的提高已给茶叶销量造成一定的影响。常理之下，茶叶在打箭炉交付清茶税后，运输进藏的过程中未设收税关卡，但据载金沙江的登科及石渠地区，“该处头人喇嘛私收过渡厘金，已历多年”，又载“西宁地面有一召武士百户，恃强凌弱，凡小的德格地面茶商前往西宁过道者，每茶百驮必须缴茶一甄，作为过道厘金。今值大臣节钺遥临，安良除暴，小的等只得据实享明，伏乞大臣仁恩，赏予行文查禁施行”。土司、喇嘛及武士等官员在打箭炉进藏通路上私收茶税的现象早已形成。可见，茶叶质量下降及茶税过重是困扰茶商的两大难题，直至川边总督赵尔丰开始对四川边茶产业的第一次整顿。

赵尔丰整顿茶务前，对印度茶进行了调查，“由于印茶侵销，引起川滇边务大臣赵尔丰的注意，当时特派雅安人郭孔良赴印专门调查，深入了解印茶的产、制情况。郭携回不少实地照片和具体材料，向赵详细作了汇报”，这些情况使得赵尔丰了解到对方的优势，对茶务整顿有积极的意义。但是，就创办茶叶公司这件事上，“边地茶商对组建边茶公司态度最初并不热心，主要是担心赔本。直到光绪三十四年（1908年）九月，赵尔丰赴任驻藏大臣途经雅安再次督促五属茶商加快筹办，茶商们才迫于形势，起草了一方案呈报给赵尔丰”。关于创办公司的形式，是“赵尔丰和四川劝业道周孝怀等联名出奏，主张将边茶收归官办。边茶商以关系本身厉害，反对激烈，后来官方让步,改为‘官督商办’，订名为‘奏办边茶股份有限公司’”。可见，茶叶公司在组建及形成过程上受到了茶商们的质疑，因茶叶公司的组建表明传统的、自由分散的销售模式将被统一管理的方式取代。

随着事件的发展，率先响应官方试办茶叶公司号召的名山茶商王恒升恳请名山试办，但赵尔丰的构想是将五属茶叶作为整体来抵抗印茶入侵，故此拒绝了王恒升的请求。最后，在赵尔丰和州县官的再三催促下，“商等遵照邀集在炉各商，互相劝勉，尽力筹集，共筹定股份银二十万零六千七百两”，最终公司在雅安成立。

公司在成立后，采取提高茶叶质量、降低税收、改良茶种等举措，在一定程度上促进了边茶业的恢复与发展，加之，藏族同胞习惯饮用内地的茶叶，在一定程度上阻止了印茶入侵的进程，入藏的内地茶叶也逐渐增多。但公司成立后，实际公司大权掌握在少数大茶商手中，小型茶商敢怒而不敢言，整顿后生产下降，年产量仅40万包左右。此次由政府主导的官办公司虽然取得了一定的成果，但是在辛亥革命后公司就解体了，导致茶商的利益普遍受到伤害，不少资本较少的茶商倒闭。

此次由赵尔丰主持的，以筹办边茶公司为主要形式的第一次边茶整顿，虽未有效地抵制印茶侵销，但在一定程度上整顿了川茶业存在的问题。进入民国后，“军阀及国民党统治时期政府四分五裂，忙于内战，所有抵制印茶侵藏之术已完全置之度外，加以英帝国主义对西藏地方上层百般挑拨，施以小惠，诱以‘独立’，以致藩篱自彻、印茶源源倾销西藏，逐渐流诸于西康及松潘等地，川茶的藏区市场日渐缩小”。

辛亥革命后，中华民国建立，袁世凯窃取革命果实，帝国主义支持各地军阀，在国内形成了政局动荡、内战不断、民不聊生的局面，直至1939年西康正式建省，军阀利益争夺才有所缓和。在此期间，康区各行各业都受到很大的冲击，茶叶产业也难逃厄运，军阀到川后更是逼缴高额茶税及其他苛捐，倒闭的茶号甚多。自印茶入藏后川茶销量本就不佳，现今高额的茶税及预收税额给与此时的南路边茶商重大一击，据相关资料得知“关于雅安边茶产量，民国初年统计约有3万担，1920年后由于产区政府的动荡，产量急剧下降，仅剩数万担”。高额的茶税使得茶商越发窘迫。

自1921年以后，川边镇守使陈遐龄与四川军阀刘成勋屡争地盘，川南一带成了陈、刘军阀之地，严重影响了边茶原料的收购和茶叶的正常贸易，全国茶叶早已废除了茶引制度，唯四川边茶业保留，且征收茶税甚重。为征收茶课，茶商未能如期完纳，政府将孚和茶厂经理余东皋、永昌茶号管事郝柱臣、庆槐资方王仁杰等传到镇守使衙门，用杠子毒打，王、郝二人立地毙命，余东皋重伤。加上边茶运输线路被阻断，产品运销停止，茶商发展更是雪上加霜。

在1930年时，军阀势力开始从事边茶业，于是形成了官僚资本与民族资本间的竞争。军阀利用其势力在收购原料、发运茶包等方面占据优势，但在业务上还欠熟练，而茶商在茶叶制作及销售方面富有经验，外加信誉高，经营时间长，获得藏商支持。虽茶商暂取得一定成效，“但民族资本在当时的经营，已是煞费踌躇，而且成岌岌可危的局面。在这种竞争的场合，结果弱肉强食，有些茶号，仍不免于受到淘汰”。紧接1933年，刘文辉和刘湘的“二刘之战”，刘文辉退居西康，“战败的刘文辉经济窘迫，各种苛捐杂税又派向老百姓。各行各业深受其害，很多茶号纷纷关门倒闭，到1936年官府下达的茶叶产销量由原来的108 000引减少到69 420引，而实际储售只完成约50 000引”。而1933年又是“第三次康藏纠纷”，汉藏民族关系较紧张、运茶道路受阻导致茶叶销售更是难上加难。

南路边茶自民国以来至西康正式于1939年建省期间，茶叶发展先后经历了印茶侵销争夺市场、军阀混战、“三次康藏纠纷”，导致茶商数量减少。据统计，在1931年边茶商有50余户，年产量8万担（800万斤左右）；1933年“二刘”大战，雅属茶商先后倒闭20余家；1939年，当时雅安县年产边茶3万担，天全1万担，荥经9千担，名山2千担，雅安年产边茶共计只有5万担（500万斤）左右。综上可知，可见民国前期，南路茶商在受到国内税收繁重、国外印茶入侵双重压力下发展的艰辛。

# 第二篇

## 茶政——藏茶产业绕不过的时代大背景

饮茶可解油腻是古代劳动人民的经验总结，尤其是我国边疆食肉饮酪的少数民族更迫切地需要茶。最初，藏区是从朝廷赏赐、民间贸易甚至走私等途径获取茶叶，后来则主要通过与历代朝廷的“互市”中获得。历代朝廷为从“互市”中获取更大的利益，也制定了相应的茶叶政策。

茶政是国家针对茶叶生产、贸易、税收等所颁布和制定的规定、制度、法令和政策等的总称。我国古代茶政茶法包括贡茶、税茶、榷茶、茶马互市等制度，而与藏茶产业关系较为密切的茶业政策就是茶马互市与榷茶制。

茶马互市，主要是指我国边疆的少数民族同胞在比较集中的大规模集市用马匹等牲畜与内地交换茶叶、布帛、铁器等生产生活必需品的贸易活动。这也是历代封建统治者用以牵制边疆少数民族的一种政策。茶马互市始于秦陇一带，由于川产边茶最适宜高原地域，消腻除燥效果明显，口感又好，深受藏胞欢迎，逐渐成为藏销边茶的主供基地。

榷茶制起始于唐代，是一种茶叶专卖制度，其实质是一种茶叶税制。《旧唐书·穆宗本纪》载，长庆元年（821年），“加茶榷（茶叶专卖税），旧额百文，更加五十文”。表明此时中国某些地区或已开始榷茶。文宗太和九年（835年）十月，王涯为相，极言“榷茶之利”，乃置榷茶使，征购民间茶园，规定茶的生产贸易全部由官府经营。结果民怨沸，推行不久因王涯被诛而废止，未能有效施行，但是这已经开启了茶叶官营的先例。榷茶制形成定制是在宋代，此后便成为了各个封建统治阶级控制茶叶生产和从中获利的基本制度。

## 一、唐：茶马互市初步形成

茶叶传入西藏少数民族地区后，很快成为藏区人民的心爱之物，以茶叶为主要商品的商业贸易也由此开始。

史学家范文澜在《中国通史》中道：“‘武都买茶’，武都地方，羌氐民族杂居，是一个对外的商市。巴蜀茶叶集中到成都，再卖给边疆游牧部落。成都和武都是中国最早的茶叶市场。”说明从内地销往边疆的边茶贸易很早就开始了。

最先开始的边茶贸易，都是民间自由往来，贸易的规模较小，没有引起统治者的足够重视，处于一种完全放任自流的状态。但是到了中唐以后，随着输往西南西北少数民族地区茶叶数量的增加、贸易规模的扩大，封建统治者逐渐认识到茶叶的边销不仅能从中获得丰厚利润，还能对缺少茶叶的边疆各少数民族起到一定的约束和控制作用。这一认识很快在朝廷中得到了从大臣到皇帝的一致认同，于是，从唐朝开始颁布和实施茶法。

唐朝是我国历史上最早实行茶法的朝代，同时也是我国历史上最先开创茶马互市的朝代。朝廷实行榷茶制对边销茶而言，就是限定数量，限定互换的物资（内地为茶，边疆为马）和限定口岸。这种以茶易马的贸易形式，就是后来史学家称的“茶马互市”。茶马互市是由朝廷直接管控，指派官员具体负责，用内地茶叶同西藏、西夏等地的少数民族之间进行的一种特殊的商业贸易形式。它从唐开始，在中国历史舞台上长期延续下来。

唐初，朝廷选择互市的地方主要是在西北一些偏远地区。据唐封演《封氏闻见记》记载：“饮茶……始自中地，流于塞外。往年回鹘入朝，大驱名马，市茶而归。”据《新唐书》记载唐代开元十九年（731年）吐蕃又请交马于赤岭（今青海日月山），互市甘松岭（今四川松潘）。宰相裴光庭曰：“甘松，中国阻，不如许赤岭。”《新唐书》记：“乃听以赤岭为界，表以大碑，刻约其上。”当时运往互市的茶叶主要是四川雅州和陕西汉中的茶，此后很长一段时间，唐朝与吐蕃茶马互市的地点一直在赤岭进行。由于彼此恪守界约，讲究信用，互市一直很顺利。茶马互市也由此稳步发展，到了宋明两代发展更为红火。

据《明史·食货志》载：“唐宋以来，行以茶易马法，用制羌戎。”《陕西通志》载：“睦邻不以金樽，控驭不以师旅，以市微物，寄边疆之大权，其惟茶乎。”都说明从唐朝开始的茶马互市，不仅是一项贸易，也是朝廷经边羁縻的重要措施。

## 二、宋：茶政变革多元，从榷茶制到茶引制

宋朝是一个与北方的辽、西夏和金之间频繁发生战争的朝代。战争需要大量军费和大批马匹。因此，茶马互市一直被朝廷摆在重要日程上，宋代茶叶发展也因此超过前代。茶叶课税成为朝廷军费开支的一大支柱，边茶生产数量的增加，为朝廷

贮边易马提供了充足的茶叶货源，双重利益的驱动，使朝廷对茶马互市给予特别重视，视其为一项重要的、有利于战争、有利于国防的战略措施。为此，宋朝实行了一套更严厉的榷茶制度。

《宋史·职官志》："都大提举茶马司掌榷茶之制，以佐邦用。凡市马于四夷，率以茶易之。"宋太宗赵炅（jiǒng）为了实施榷茶买马政策，订立全国茶叶产销制度，并于太平兴国二年（997年）设立榷茶场，实行茶叶官卖商销制度。宋初在原（甘肃镇原县）、渭（甘肃平凉市）、德顺（甘肃隆德县）三郡，让商民自由与"番商"进行茶马交易。官府在买入茶叶的时候用重称，卖出的时候用轻称，县官剥削的私利很大，商贾又以高价转卖给边疆的少数民族，从中获利常高达数倍。

宋神宗熙宁四年（1071年），北方战端又起，朝廷在熙河（甘肃临洮县）与西夏发生战争，造成陕西马源路断，即史称的"马道梗阻"事件。而朝廷此时最急需的就是用于战争的马匹。为博马筹饷，朝廷重新把榷茶制提上议事日程。据《宋史·食货志》记载："熙宁四年，神宗与大臣论昔日茶法之弊，文彦博、吴充、王安石各论其故，然于茶法未有所变。"可见当年对于该怎样修订茶法，保障茶马互市畅通，不仅朝廷重视，而且是皇帝亲自管理的大事。熙宁七年（1074年），朝廷"始遣三司干当公事李杞入蜀经画买茶，于秦凤熙河博马"，并"以著作佐郎蒲宗闵同领其事"。第二年，李杞派蒲宗闵先行入川办理榷茶。

蒲宗闵到四川后，立即在各地设置茶马司、博马场，极力对川陕茶叶实行全榷。蒲宗闵入川后，下令川陕民茶（主要指四川雅州和陕西汉中的茶叶）尽卖入官，禁止私行交易，蜀茶尽榷（《宋史·食货志》）。当时的雅州已是全国生产边茶最多的地方，每年调供朝廷用于互市易马的茶叶已超过二百万斤，自然是蒲宗闵眼中的一个重要目标。朝廷派李杞、蒲宗闵入川榷茶，就是要把茶马互市的口岸从西北的秦（甘肃天水）、凤（陕西凤县）、熙（甘肃临洮县）、洮（甘肃临潭）诸州改到四川，用四川茶叶换取西藏马匹，开辟新的马源。朝廷这样做，有三个原因：一是西北秦、凤、熙、洮诸州虽是传统的茶马互市口岸，但这些地方都不产茶，在这些地方贮边易马的茶叶要从千里以外的四川、陕西运来，运输路线太长；二是北方战争，陕西"马道梗阻"，从北方易马的道路因战争而隔断了，必须开辟新的马源；另一个重要原因就是四川雅州一带有非常充足的茶叶资源。

蒲宗闵为了保证蜀茶全榷的贯彻落实，也实行一套强硬政策，虽然朝中也有人反对，但得到神宗皇帝的支持。雅安是蜀中边茶的主要产地，榷茶自是首当其冲。当时茶法规定："川陕路民茶息收十之三，尽卖于官场。更严私交易之令，稍重即徒刑，乃没缘身所有物，以待赏给。”茶场官员一律由官府委任，并有严厉的奖惩办法。“茶场监官买茶精良及五千驮以及万驮，第赏有差。而所买粗恶伪滥者，计亏坐赃论。”同时下令：“禁南茶入熙河、秦凤、泾源路，如私贩腊茶法。”（《宋史·食货志》）

北宋熙宁三年（1070年），雅州一带茶马市场，以茶易马十分活跃，“陕西诸州岁易马二万匹，名山运茶二万驮（每驮茶为百斤）”（吕陶《净德集》）。宋代雅州境内的茶马司、博马场，个个交易火爆，盛况空前。换取茶叶的藏族同胞来来往往，穿梭不断。雅州博马场在今雅安南门坎上的木城街及城后坝一带。灵关博马场在今宝兴县灵关镇，碉门博马场在今天全县紫石一带，黎州博马场在今汉源县清溪镇，至今在羊圈门后山，还有个地名叫马场。当时以“一百斤名山茶，可换四尺二寸大马一匹”。

宋神宗元丰四年（1081年），群牧判官郭茂恂上奏朝廷：“承诏议专以茶市马，以物帛市谷，而并茶马为一司。臣闻顷时以茶易马，兼用金帛，亦听其便。近岁事局既分，专用银绢钱钞，非蕃部所欲。且茶马二者，事事相须，请加诏便。”朝廷准“仍诏专以雅州名山茶为易马用”，并“定为永法，不得他用”。

宋朝廷南渡，高宗建炎元年（1127年），成都府路转运判官赵开上奏，列举榷茶买马五害，请尽罢川茶官榷，恢复自由买卖，变茶息为茶税，改“榷茶制”为“茶引制”。高宗准奏，并令其主管川秦茶马。赵开推行“茶引制”，核心是“引”字。引者即票也，由茶商向官府缴纳款项后，官府按茶商认引额数发给引票，茶商凭引票方可上市经营。“二年（指建炎二年）开至成都”，“以引给茶商，即园户市茶，百斤为一大引，除其十勿算”，“每斤引钱春七十，夏五十，市利头子钱不预焉”（《宋史·食货志》）。引票相当于今天出口商品的许可证或配额，无引票便无资格经销茶叶。引票上对销售地点也作了限制，规定哪里就只能销到哪里。凭茶商认引票数量和实际销茶数量，官府只收税钱。赵开的改革办法，对推动四川边茶生产，促进南宋时期的茶马互市，起到了积极作用。据史料记载，建炎四年（1130年），朝廷仅从茶商纳税就获银一百七十余万缗，从西藏易马超过万匹（《宋史·兵志》）。宋朝的茶马互市“市马分为二，其一曰战马，出于西陲，良健可行阵；其二曰羁縻马，产西南诸蛮，短小不及格”（《宋史·兵志》）。西南马短小精干，耐力好，宜驮运。由于南宋国土缩小，西北马场丧失，朝廷只能依靠雅州及周边的碉门、荥经、名山、黎州（今汉源清溪镇）、邛州（今邛崃市）等与藏族开展以茶易马。由于马少茶多，一度出现马贵茶贱之局，造成互市萎缩。

绍兴四年（1134年），陕西失陷，西北的茶马交易市场改设于四川雅安一带。但当时易马和陕西相差很大，茶马的比价低于陕西市场数十倍。

全国唯一保存完好的茶马司遗址（雅安市名山区新店镇）（黄嘉诚 摄）

注：茶马司建于宋神宗熙宁七年（1072 年），并“遣官以主之”，专司茶马事宜。清道光二十九年（1849 年）重修的茶马司遗址系纪念性建筑，位于四川省雅安市名山区新店镇，占地面积 4000 平方米，建筑面积 1000 平方米，是一座石料檐柱的砖木结构四合院，是全国唯一保存完好的专司茶马互市事宜的官办机构遗址。历史上的茶马司主要与藏族为主的各民族进行以茶换马交易，马匹用于军事，鼎盛时期达到“岁运名山茶二万驮”之多，有时接待民族茶马贸易通商队伍人数一日竟达 2000 余人，盛况可见一斑。

淳熙四年（1177年）吏部郎阎苍舒陈茶马之弊：“去弊在于贵茶，盖夷人不可一日无茶以生。祖宗时，一驮茶易一上驷，陕西诸州市马二万匹。故于名山岁运二万驮。今西和一郡，岁市马三千匹耳，而价用陕西诸郡二万驮之茶，其价已十倍。又不足而以银绢细及纸币附益之，其茶既多，则夷人遂贱茶。而贵银绢细。今宕昌四尺四寸下驷一匹，其价率用十驮茶，若其上驷，则非银绢不可。诸番尽食永康细茶，而宕昌之茶贱如泥土。且茶愈贱，则得马愈少。”随即朝廷便下令禁止洮、岷、叠、宕诸州的人深入四川腹地买茶卖马。

宋宁宗嘉定三年（1210年），宋廷颁诏，“文臣主茶，武臣主马”，力图恢复昔日茶马互市元气。无奈这时的南宋已只是一个偏安江南的小朝廷，早已丧失重振山河的大志，到南宋末年，茶政出现空前荒废，茶马互市已名存实亡。

## 三、元：实行榷茶制，以充实国库

南宋开禧二年（1206年），北方草原上迅速崛起的蒙古首领成吉思汗统一蒙古各部，建立了强大的蒙古帝国。就在建国的第一年，深谋远虑的成吉思汗就将战略目光投向了早已与弱势南宋失去联系的西藏。他亲自写信给西藏最有影响力的萨迦派第四代首领萨班，表示愿意信奉佛教，并愿意聘萨班为师。萨班眼见南宋的没落和西夏的短视，十分看好蒙古的发展，便连忙派人赴柴达木朝见成吉思汗，表示了对蒙古的好感。淳祐七年（1247年），萨班亲赴凉州会见蒙古太子阔端，承认西藏依附蒙古。于是，西藏承认了蒙古的统治地位，而蒙古则信奉了藏传佛教。而藏茶，也由此被蒙古王公贵族所接受。

藏茶在西藏和蒙古的需求量越来越大，而蒙古与宋的战争却阻断了南方的茶路。西藏特别需要四川的茶叶，蒙古大军挥师入川，目的之一就是获取四川的茶叶，打通西藏和北方的茶路。战事连年，茶叶的运输几乎断绝，导致西藏和北方的茶叶短缺，价格猛涨。淳祐八年（1248年），忽必烈大军南征，沿大渡河南下，与南宋军战于雅州碉门。马鞍山大战后，原附宋的碉门安抚司的高土司归降忽必烈。元世祖至元二年（1265年），已经实际控制雅州的元朝廷批准重建碉门关城，恢复防务，在碉门、鱼通（今康定姑咱）、黎州、雅州、长河西（今康定地区）、宁远（今道孚）六地置宣抚司于雅州，后改称六番招讨司，司设碉门。并在始阳分置天全招讨司，高保四为六番招讨司使，杨可大为天全招讨司使。当时天全土司所统治范围，已"外抚董卜、韩胡、鱼通、长河西诸夷，内统黎、雅、宁远诸路"，东北达邛崃火井一带，北控今宝兴全部，南达今汉源清溪，东抵飞仙关。元朝利用当地土司完全控制了藏茶进入康藏的通路。

南宋景定元年（1260年），忽必烈登上蒙古汗位，改蒙古国号为元朝，自称元世祖皇帝。此时，他任命早已在他身边的西藏萨迦派首领八思巴（1235—1280）为元朝国师，还下令让八思巴创制蒙古文字。元朝统一中国，蒙古统治者拥有北方和西北的所有战马，根本不需要从藏区交易战马，对于汉藏茶马贸易中的马根本不感兴趣，但却重视输往藏区的茶叶。元初，由朝廷官买茶叶，通过官卖销往西藏地区。但是因为高额加价，使西藏僧俗不满，常常因茶酿乱。于是主管茶务的成都路总管张廷瑞改变茶法，令不懂经营的地方官府不得买卖茶叶，改由茶商交纳茶税，按每百斤茶纳税二缗（缗为古代穿铜钱的绳子，一缗相当于一贯），商买商卖商运，茶商与藏商之间，可以自由交易。这项政策促进了藏茶种植和民间贸易的发展。

南宋景定五年（1265年），元世祖忽必烈迁都燕京（今北京），设总制院，后来改称宣政院，管理天下佛教事务和西藏地区的地方行政事务。任命八思巴为国师负责总管总制院事务。

咸淳四年（1268年），元军控制四川大部，元世祖即刻过问四川茶事。但他看到的产茶大省，却是茶业凋敝的惨景。于是他下令，免除一切盐茶课税，凡是官员收取茶税或以茶牟利者，皆可问罪。忽必烈采取积极措施，恢复茶叶的生产。

到南宋末的景炎三年（1278年），元军占领四川全境，四川向西藏和西北输送茶叶的通路恢复。元朝仿效宋朝经验，针对专门运往西藏的茶叶设置了西番茶提举司，代替宋朝的茶马司。只不过元朝来自于盛产马匹的北方草原，不需要像宋朝那样以茶易马，但沿袭宋朝官府垄断茶叶买卖的榷茶制度，在保证盟友西藏僧俗的茶叶需要的同时，征收茶课。川茶短暂的免税结束了，代之以比宋朝还要高的茶税。元朝也称西藏为西番，因此，从四川雅州销往西藏的茶叶被直接称为“西番茶”。

西番茶提举司牌坊（仿建）（胥伟 摄）

从元朝至元十三年（1276年）到延祐七年（1320年）的44年间，西番茶的茶税增长了20余倍。由于元朝的超高茶税，加之官吏对茶商茶农的残酷剥削和压榨，以及随意加价销售，使西番茶的生产和销售受到严重打击，引起茶农、茶商的不满，到了无法经营的地步，茶园荒芜，茶农逃走，茶商破产，茶叶稀缺。后期的西番茶提举司实际上已无茶可提了。到了至大四年（1311年），元武宗皇帝不得不下诏，撤销西番茶提举司，藏茶交易归属地方并开始向茶商征收茶税。藏茶产地的生产滑落至历史低谷。元末红巾军起义，明玉珍及明升从元至正二十一年（1361年）到明洪武四年（1371年），占据四川10年。投靠明玉珍的青巾军占领了雅州天全始阳一带，烧毁了土司官署、庙宇，天全土司地盘损失过半，当地西番茶的生产和销售几乎完全停顿。

## 四、明：以茶易马的茶引制度

明朝，北方边疆亦时有战争，明朝廷对马匹的需求重新得到重视。于是明朝仿效南宋，实行茶引制，恢复茶马互市。明朝的茶引制和南宋大体相同，由商人向官府纳钱请引，每引配茶百斤，商人凭引额经营茶叶。不同的是明朝在茶叶的控制上，除了坚持强硬的法令之外，还在管理机制方面做了许多添设和完善。

朱元璋实行“以（茶）制戎狄”的政策，“国家榷茶，以资易马”，对茶马互市贸易极为重视。明洪武初年（1368年）即恢复了茶马交易，在全国设置秦、洮、河、雅四个茶马司。不久之后，又在碉门（今天全县）、黎州（今汉源县清溪镇）两地增设了两个茶马司，专司负责与西藏的茶马交易。明太祖朱元璋下诏：“碉门六蕃司民，免其卫役，专令蒸乌茶易马。”洪武五年（1372年），户部下令：“四川碉门、黎、雅之茶，宜十取一，以换蕃马。”洪武九年（1376年），“（在雅州设）收买蕃马处，以茶易之”，“每岁长河西（今康定）等番商以马于雅州茶马司易茶”。

洪武十七年（1384年）“碉门茶马司以茶易马、骡五百九十四”（《续文献通考·兵考》）。很快，明朝茶马互市逐渐恢复到宋代水平。

为了垄断茶叶，达到换取更多马匹的目的，明朝鼓励发展茶叶生产，增加边茶产量，扩大茶马互市规模，同时也制定了许多强硬的榷茶法令，尤其是对待茶叶边销出境，管制非常严格，规定凡易马之茶，一律官收、官运、官卖，商民不能过问，并在重要关津要口设置批藏茶引所（茶关），严格禁止私人贩茶进入少数民族地区。对雅州诸县强调更严，不仅是茶叶，连茶种子也不准带过二郎山。在当年的川藏茶马古道上，碉门、泸定、打箭炉（今康定）都曾经是设过茶关的地方。据《明会典》记载：当时规定“每引配茶百斤”，“量地远近，定以程限，于经过地方执照，若茶无由引及茶引相离者，听人告捕。其有茶引不相当，或有余茶者，并听拿问。卖茶毕，以原给引由赴住卖官司告缴。”商人通过关津要口，必须出示引票，若有差异，就要逮捕拿问，卖完茶，引票要带回到认引地核销。对办理茶案失职的官员也有明律规定：“私茶出境与关隘失查者，并凌迟处死。”

（《明世宗实录》）凌迟处死是古代最残酷的一种极刑，由此可见明朝对垄断茶叶边销所看重之程度。

洪武末年（1398年），“驸马都尉欧阳伦以私茶坐死”（《明史·食货志》）。这个驸马借出使新疆机会，不顾朝廷禁令，派管家贩运私茶，在甘肃兰县（今兰州）被举报事发，朱元璋不因私废公，下令将其诛杀。

明朝对茶叶的垄断控制在后来逐渐有所放宽，特别是在对茶叶实行分类管理以后。据《明会典》记载，明朝茶法规定：内地所产之茶有官茶、商茶、贡茶三种。官茶即用以贮边易马，商茶给卖，贡茶供御用。分茶有茶司，理茶有课司，验茶有批验所，设于官津要害。商人认引时，只要向官府讲清楚贩茶用地，纳钱即可领到引票，允许商人除易马之外，还可以用茶叶和少数民族交换皮毛、药材等土特产品。除此，明朝还有一条特殊政策，关津要口的批藏茶引所在检查过往的人员时，如遇喇嘛随身携带有少量茶叶出境，可不以私茶论罪，以示优待。

明朝270多年间，以雅安为中心的边茶产区已成为藏汉贸易的中心。为了换取茶叶，西藏等地区的藏商，驱赶着马匹，一批接一批地来到雅州、碉门、黎州。茶马交易价格初为一匹马换茶1800斤，后来改为上马一匹换茶120斤，中马70斤，驹马50斤。洪武时期，雅州、河州（今甘肃临夏）两路，岁运茶叶就达50万斤，易马13 500匹。到永乐、万历年间，规模更有所扩大。与此同时，雅安生产边销茶也由焙制散茶，改为蒸制乌茶，生产规模也由园户焙制发展到专业焙茶作坊（即茶号），并由最初的数家发展到30多家。雅安与西藏之间茶马交易呈现出一派欣欣向荣的景象，贸易规模远远超过宋代。

随着互市扩大，明朝茶税也逐步加重。对茶商先是“引茶百斤，输钱二百”，后来又规定：“茶引一道输钱千，照茶百斤；茶由一道输钱六百，照茶六十斤。既又令纳钞，每引由一道纳钞一贯。”对茶农的课税，先是“三十取一”，即30株茶树，官府取其一株作为税钱，后来又增成“每十株官取其一”（《明史·食货志》）。

明世宗嘉靖二十五年（1546年），由于朝政管理疏漏，一些茶商唯利是图，私茶泛滥，造成雅州诸邑茶市受到严重冲击。当时规定，大邑、灌县的茶叶行销松潘、理县（今阿坝羌族藏族自治州），由于茶叶品质不及雅安茶好，所以价贱，雅安茶品质好，价格高，于是一些唯利是图的茶商便将引票限定销到松潘、理县一带的茶叶，通过贿赂批发所的盘验人员，把茶转移到黎、雅销售。造成“番人上驷尽入奸商，茶司所市者乃其中下也。番得茶，叛服自由，而将吏又以私马窜番马冒支上茶。茶法、马政、边防于是俱坏矣。……碉门茶马司至用茶八万余斤，仅易马七十匹，又多瘦损”（《明史·食货志》）。藏族上好的马匹换不到好茶，一度引起藏族同胞的严重不满，对茶马互市也造成损害。

## 五、清：设茶马司，实行茶引制

清朝从顺治入关（1644年）建都北京，至中华民国成立（1912年），共统治了268年。清朝把茶马互市视作“实我秦陇三边之长计”，继续推行茶马交易。

清初，政权刚刚建立，朝廷主要精力忙于巩固政权，对茶叶边销，尤其是四川雅安一带的茶叶边销，尚处于鞭长莫及状态，一时顾不过来。在这个空档阶段，雅州、邛州、大邑、灌县等地，出现茶商偷运茶叶私越关卡进入藏区贩茶的现象。

康熙登基，平定三藩，征服噶尔丹，完全确定了全国的统治后，朝廷的主要精力很快转到恢复经济和发展生产。对于有大利可图，又有关国计民生的工商业，朝廷都插手干预，由朝廷指派官商，实行垄断，四川边茶亦在其列。康熙四十年（1701年），朝廷指定产自雅安、荥经、天全、名山和邛峡五县的边茶行销康藏地区，称“南路边茶”；产自灌县、大邑的边茶行销松潘、理县一带，称“西路边茶”（《清史稿·食货五·茶法》）。

顺治、康熙、雍正、乾隆的150多年间，清朝沿袭前朝，推行茶引制，各地仍设置茶马司、批藏茶引所等，四川雅安一带边茶仍用于互市博马。顺治初年每年互市马匹额定为11 080匹。到了雍正乾隆年间，“所有牧地广于前代，骊黄遍……故无须再行茶马之法”（《清朝文献通考》），于是决定停止以茶易马，对边茶的销售主要收取课税，藏人购茶，则可用银两、皮毛、药材等进行交易。为了保证政府的财政收入，朝廷煞费苦心，除保留明代留下的许多监督管理机构，继续实施前代许多行之有效的办法外，在政策法令上又增添了许多新的内容，制定了更严格的措施。

乾隆年间（1736—1795年），一改宋明时期的茶引制为引岸制，以引定茶、定税。对四川茶叶规定：细茶内销，粗茶边销。凡生产经营茶叶的商户，必须先到北京向管理部门申请注册，然后认领引票；凡在北京注册认引的茶商，即为“部引官商”，子孙后代永远都可以经营茶业，直到“人亡产绝不能另招承充”（民国《雅安县志》）。对行销内地的茶商称“腹商”，认领的引票也叫“腹引”；行销边地的茶商则称“边商”，认领的引票也叫“边引”，还规定发放天全的引票叫“土引”。每引仍定茶百斤。清朝规定商民卖茶先向政府纳钱请引，缴多少钱，请多少引，不能过量。茶和引随同携带，如不合就拿办治罪。茶卖出后，把原领引（票）向政府缴纳。伪造引者处斩，家产充公。茶农加私卖茶者，打60棍，茶款没收充公。夹带私茶出境者，押发充军。这些重要规定告示张贴于茶道上各关津要口。当年背夫背茶过泸定桥，个个手执引票，接受茶官盘验。明时雅安茶关设在城南草市街（今南门坎木城街），清时移至泸定，再后移至康定。在严厉的条律法令之下，茶商们不敢越雷池一步。

清朝废茶司，撤销司茶官，其事务改归盐茶道管理，设置官员掌管边茶贸易和纳税。商人纳钱请引，标准是“引票一张配茶五包（100斤）”，缴纳库称银一两（库称比市称每百两约重五钱），名叫“茶税”，不得少缴分厘，亦不得逾额多领。朝廷每年发放引数十万张，可收茶税十万两。

清代茶票（拍摄于中国藏茶博物馆）（胥伟 摄）

从康熙准行打箭炉（今康定）开市始，南路边茶交易中心由雅安转移到打箭炉（康定）。藏族商人到打箭炉换取茶叶，所带之物已由原来单一的马匹改为皮毛、麝香、鹿茸、虫草、贝母等土特产品和金银，交易数量和规模也很快超过前朝。康熙、乾隆、嘉庆、道光近200年间，国运太平、民心安稳，雅安一带风调雨顺，连年丰收，茶号生意兴隆。政府每年发放引票都在100 000引左右，销藏边茶超过1000万斤。为了团结西藏宗教上层人士，清朝政府还专门制定了一项政策：雅安每年制作一批品质特别上乘的砖茶，供皇帝赏赐西藏达赖和班禅以及各大寺庙有名望的活佛，称“赏需茶”，“单年三百包，双年二百包，由道署领价，商人承办。其中赏给达赖喇嘛茶七十五包，每包重五十斤”（民国《雅安县志》）。20世纪60年代，雅安茶厂开展市场调查，赴藏人员在一些大喇嘛寺看到，明清时期皇帝赏赐的茶叶还被作为神圣吉祥之物，供奉在寺庙里。

清康乾盛世时代，是雅安边茶发展历史上最好时期。广大的农村被描绘为“蜀山素产茶，每岁谷雨后，募夫采百斤者，银一钱。雅安、天全、荥经、名山等地，山多地……近山人户，俱借采茶为业”（《四川古代史稿》）。随着茶叶贸易规模的扩大，雅安及周边诸邑生产加工边茶的茶号也增至七八十家。

到咸丰、同治、光绪年间，由于朝政腐败，国内发生太平天国农民起义，国外列强入侵，清朝统治已无宁日，数十年间，茶政一片混乱。市上假茶充斥，真茶不振，一些不法茶商贿赂茶关官吏、桥卡吏员，夹带私茶出境，甚至出现任意领引、引额不定的现象。引票过去均由朝廷发放，到光绪年间竟出现了由省政盐茶道发放的“川引”。官吏为图贿金，明知其伪，也不禁查。茶政江河日下。

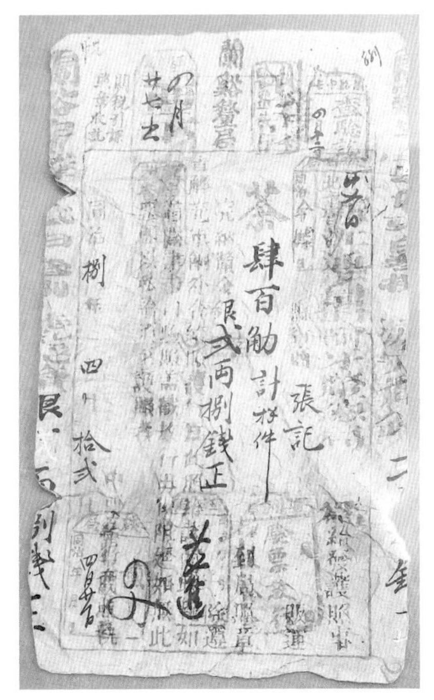

清同治年间茶引
（拍摄于中国藏茶博物馆）（胥伟 摄）

英国入侵西藏，清政府被迫签订中英《印藏条约》和《印藏续约》，印茶大举侵销西藏，就发生在这一时期。

印茶从印度大吉岭运至西藏拉萨，只有18站路。川藏茶道从四川雅安至西藏拉萨，有100多站路。印茶运输成本低，茶价便宜，对四川边茶造成极大冲击。由于印茶质量不如川茶，为了弥补这一缺陷，东印度公司千方百计收集、了解南路边茶制作方法，甚至聘请一些在四川的外籍传教士，替他们寻找懂边茶制作工艺的人，妄图高价聘请到印度去。当年雅安真道堂（后改为福音堂）传教士夏时雨（外籍人）能讲一口流利的中国话，他找到孚和茶号杨振手（架师中的领头）和李五爷，许以重金，邀约二人同去印度，妄图收买他们，结果遭到杨李二人严词拒绝。

印茶大量入侵，使南路边茶在西藏市场的占有份额日渐萎缩。当时，藏区各地运往打箭炉（康定）交换茶叶的商品，如麝香、羊毛、皮件、黄金等也大幅度下降。其中黄金一项由原来8000盎司下降到4000盎司左右，减少50%。清政府派驻四川的边务大臣赵尔丰在对茶商的批示中惊叹：“炉茶引销藏卫，为川省一大利源。而印茶以种植之繁、焙制之精、运输之便，又立一绝大公司（指东印度公司），渝商智、团商力，以困我茶商，夺我茶利。若不设法抵制，事且骎骎东下，不独失我之大销场，亦将控我炉边之根据地。”（《赵尔丰档案》卷五）面对这种情况，清政府竟无力保护，反而采取了加重边茶税收的办法。

清光绪三十三年（1907年），四川边务大臣赵尔丰和四川劝业道周孝怀与盐茶道联名出奏，主张将四川边茶收归官办。由于事关茶商切身利益，遭到一片反对。最后官方让步，改收归官办为“官督商办”，强迫雅安茶号都来入股，计划集资白银50万两，认引10万张，在雅安成立“奏办边茶股份有限公司”。清政府任命四川劝业道周孝怀为茶业总办，雅州候补知府陶家瑶为帮办，雅州知府武赢为提调，孚和茶号老板余云鹤为雅安总理，义兴茶号经理张子武为康定总理，永昌茶号老板夏鼎三为公司协理，力图以统一经营管理方式，改变南路边茶日趋衰落的境况。在雅安边茶业历史上，这是第一次由分散经营改为统一经营，所以又称第一次统制。最后实际集资335 000两，于宣统二年（1910年4月）正式成立公司（《南路边茶史料》，四川大学出版社）。赵尔丰整顿茶务前，特派雅安人郭孔良赴西藏、印度进行调查，了解印茶种植品种、生产制作工艺及藏民对印茶和川茶的比较、评价等。郭携回不少实地照片和具体材料，向赵详细作了汇报。郭原系茶商，曾两度赴印办事，对商情较为熟悉。在赴藏前所拟《调查印藏茶务节略》二十一条，详列印茶的产、制、运、销情况，川茶在藏的销售情况，以及英人在三年前到雅安考察川茶制法后有何措施。无奈，由于当时公司大权都集中在少数大茶号手中（他们自然得到不少好处），而广大中小茶号都无利可图，因为有“官督”大帽子压着，大家敢怒不敢言，无心努力经营，以致生产下降，年产边茶只有40万包左右。公司勉强维持了三年。辛亥革命成功，民国政府成立（1912年），和清政府垮台一样，公司也解体停办了。清末，朝政风雨飘摇，时局江河日下，曾经辉煌的边茶业，从鼎盛跌落到低谷，年发放引票由嘉庆年间的123 000张下降至80 000张。

## 六、民国：印茶入藏，南路边茶入藏地位一落千丈

1911年辛亥革命爆发，翌年民国政府成立，孙中山在南京宣誓就职中华民国大总统。但是仅过年，革命果实就遭到袁世凯的篡夺，孙中山被迫辞职，由袁世凯在北京接任中华民国大总统。

袁世凯执政期间，国民政府农商部借抵御印茶侵销西藏之名，有意再次对雅安

边茶实施统一经营管理。时值雅安孚和茶号少老板余孟荪联络雅安、邛崃一些人士，凑集20万两银子，有意在雅安主持办一个统一经营边茶的公司。消息传开，雅安大小茶号一致反对，结果这个在北京注册，在雅安还未正式运转起来的“川藏茶业公司”不到一年就夭折了。

1916年6月，袁世凯在全国上下一片讨伐声中忧惧而亡。在此后较长一个时期，中国社会一直处于大动荡、大转变的时期。国家内忧外患，国势危殆，四川局势更是一片混乱。从1913年起，蜀中军阀割据，兵祸连年，百业萧条，百姓苦不堪言。所幸的是雅安地处川西边缘，属偏僻贫瘠边隅，军阀们都去争夺那些富庶地方去了，所以雅安尚属平静，边茶产销比较正常和稳定，每年产销边茶一直保持在800万斤左右。茶号虽说有所减少，但仍有50余家。在康定，边茶销售中介机构“康定锅庄”也是一派兴旺繁荣景况。

从1921年开始，军阀混战的战火烧到了雅安。尤其是1931年，军阀陈遐龄、刘成勋为争夺康雅一带地盘，战争就在雅属境内进行。为凑军饷，他们派捐派款，边茶业成为被敲诈的主要对象。每次摊派捐款，茶号总是首当其冲。数额确定之后，短则三天缴款，多则一周必须完清。如有拖延，不是派兵上门，就是将业主抓去关押。横蛮凶残，甚于猛虎。军阀刘成勋占据雅安期间，为凑军饷，每月派捐派款多达两三次。茶商们敢怒不敢言，如果稍有反对，立马安上“贩卖假茶”等莫须有罪名，不是罚款，就是定罪，先将人关押起来，再拿钱取人。一些中小茶号哪里经受得起，纷纷关门倒闭。

1933年，刘文辉与刘湘大战，刘文辉败退西康。刘文辉信奉佛教，与康区大喇嘛寺庙接触密切，深知南路边茶是西康经济发展、财政税收的第一支柱，对藏区人民生活、社会稳定具有十分重要作用，所以在亦如从前对待茶号的同时，也鼓励边茶业恢复和发展。无奈经过十数年间军阀战争的折腾，雅安已大不如以前。1921年以来十数年间，边茶茶引由原来最高年份的110 000引减为69 000引，萎缩40%。这期间先后倒闭的茶号有恒春明、恒春仁、忠信、大元、永吉、世兴、永裕昌、丰盛、福盛、福聚亨、永和、同福昌、姜公兴、亿盛、长盛、朝兴等20多家。其中有不少建于明清时期的老号，也未能幸免。专以生产销藏边茶的雅安、天全、荥经、名山、邛崃五县中，名山、邛崃两地茶号完全倒闭。边茶业处于十分困难的境地。

1939年西康建省，时值抗日战争困难时期，国民政府迁都重庆，为作长久抗战计，欲建设西康为抗战大后方。当时国民党四大家族资金同时集中一隅，不得出路，也垂涎西康边茶，几度试图挤入边茶行业。从1939年到1941年，国民政府财政部贸易委员会先后两次派人到西康，对南路边茶的生产、加工、运输、销售等进行调查，准备在西康成立一个“中国茶叶公司”，力图垄断经营雅安边茶。

刘文辉是四川军阀中颇有代表性的人物，他首先反对国民党中央势力和四大家族资本插足西康。地方茶号更是唯恐被其挤垮吞并，丢了饭碗，也极力反对。于是地方各派势力经过协商，决定抢先下手，由当地茶号联合起来，组建一个公司，对边茶实行统一经营管理。1939年初，“康藏茶业股份有限公司”成立。公司共凑集法币一百万元，其中地方官僚资本占20%，民族工商业（茶号）资本占80%。雅安、天全、荥经的大小茶号都被要求入股。总公司设在康定，由永昌茶号夏仲远任总经理，孚和茶号余根仙任副经理，康定和成银行经理宋鸿钧代表地方官僚资本任副经理。雅安设分公司，由孚和茶号余东皋任经理，永昌茶号夏克烈任协理。将雅安、天全、荥经三县所有茶号统一起来，组成十个制茶厂，其中一、二厂设荥经，三、四、五、六、七、八厂设雅安，九、十厂设天全。川藏茶业股份有限公司成立，是雅安南路边茶历史上第二次统制。

公司开办之初，人心整齐，业务还较正常。第一年生产茶包40万包（合茶800万斤）。第二、三年虽有所下降，也有30万包（合茶600万斤）。但由于公司大权依然掌握在少数大茶号手中，中小茶号完全处于听任摆布地位，加上茶号之间缺乏信任，相互猜忌，经营中频频出现不讲信用、掺杂混假、任意抬价的情况，造成藏商严重不满，转而去求购印茶。广大茶农和中小茶号也是怨声载道。

1944年，陕帮义兴、天增公、聚成等茶号带头退出康藏茶业股份有限公司，紧接着川帮孚和、永义等茶号也相继效仿。公司元气大伤，资金不能周转，只能依靠卖“预茶”勉强维持。到1949年，生产茶包仅4万包左右，比1939年下降90%。公司已名存实亡，边茶业历史上第二次统制以失败结束。

1940年，国民政府实行统一货物税，西康成立货物税局，改征收税赋为对物计征，经历了近300年历史的边茶引岸制宣告结束。

从西康建省（1939年）到新中国成立前夕，特别是抗日战争胜利后，国民政府、地方大小军阀及地方官员，纷纷依仗各自势力挤入雅安边茶行业，组建成立了一批新茶号，诸如“西康公司”、“利康茶号”等十余家。官僚资本多数依靠贩卖鸦片、搜刮民脂得来的钱，有权有势，财大气粗，对老茶号冲击很大，特别是些中小茶号，无力与他们竞争，只好甘拜下风，歇业关门。据有关史料统计，截至1949年底，在雅安这片生产边茶历史悠久的土地上，仅存茶号48家，其中雅安30家，天全10家，荥经8家，年生产加工边茶17万包（合茶340万斤），雅安边茶业衰落到了极点。

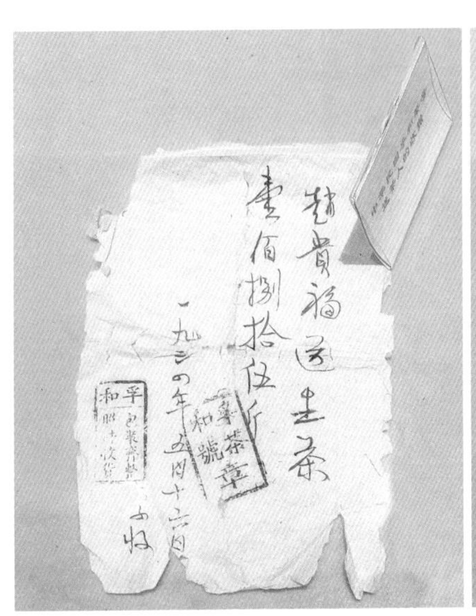


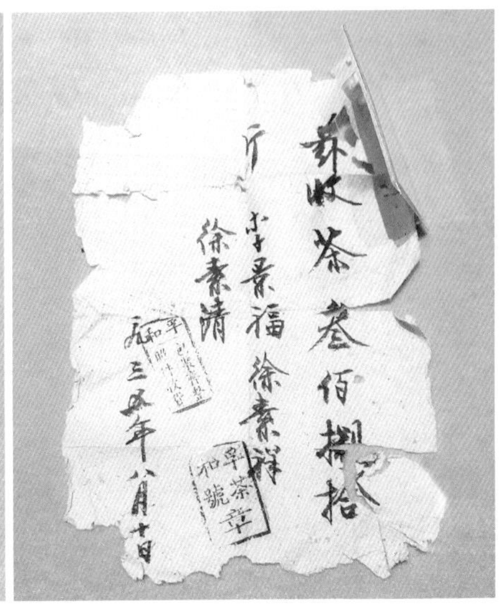


中华民国孚和茶号给茶人开的收据（拍摄于中国藏茶博物馆）（胥伟 摄）

## 七、新中国：国家补贴，保障民生，藏茶复兴

新中国成立后，国民经济慢慢复苏，为改善边茶业日益衰败的局势，党和政府将“保证边销”作为国家茶叶工作的一项重要的国家政策。雅安地区仍然是我国边茶生产的重要地区，保证西藏、新疆、内蒙古、甘肃等地区人民的饮茶需要。我国边茶产业的发展主要集中在新中国成立初期、改革开放时期。

新中国成立初期，我国社会主义关系逐渐形成并且巩固。在国民时期创办的边茶加工企业直接由人民政府接管，变成国营企业。1950年，雅安解放时，中国有48家茶号。1953年，雅安茶业实行公私合营，茶企业合并为3家，分别是国营雅安茶厂、国营天全茶厂以及国营荥经茶厂。在计划经济的实施下，为完成国家下达的产业指标，政府出资收购茶叶，川藏公路的修建大大节省了运茶的时间成本，茶企业的产量和效益得到巨大的提高。为完成计划经济体制下指令下达的生产计划和任务，国家对藏茶产业实施统一管理。统一原材料的收购标准、统一产品质量要求、统一产品名称。1952年，雅安平均每天供给藏区的康砖、金尖茶万斤以上，不仅满足了当地人民对茶叶的日常需求，也为稳定边疆地区、维护国家统一做出了巨大的贡献。

边茶产量的提高离不开国家对茶农的扶持，以及改进了种茶技术、创新了藏茶的生产方式。国家鼓励茶农开荒种茶，扩大茶园面积，提高质量。1951年，西康省政府提出了“扶植茶农，培修茶山，提高品质，大量增产”的方针。为提高茶农的积极性，改善计划经济初期物资贫乏的困境，国家政府对茶农实行茶叶收购价外的补贴，增加茶农的实际收入。除此之外，国家政府采用发放技术资料、开展讲座等形式，培训公社、大队、生产队的基层干部以及茶农，改造低产茶园、开辟新茶园、开展茶园的管理、采摘、茶树病虫的防治和茶叶初制技术培训，保证边茶生产的原料供应与品质。

改革开放后，我国边茶发展进入一个新的阶段。建国初期在计划经济体制下所导致的边茶企业产权不明晰、管理不灵活、经营观念落后、经济效益低下等问题逐步得到改善。随着社会主义经济的发展，单一的国营企业结构逐渐打破，一些小型藏茶企业应运而生。国家实施边茶定点企业和非定点企业并行发展，提高产茶质量和效率，为解决产权不明晰的问题，形成了“公司+基地+农民”的模式。

为保证边茶生产质量与效率，国家有计划地组织边销茶生产基地，落实定点企业组织生产。在采取定点生产的情况下，企业生产管理和质量管理等方面都形成了一套规范、严密的质量保证体系。1992年起，国家建立了国家储备制度，规定了边销原料储备品种以及边销茶成品储备品种。2002年，开放了边销茶生产资格的权限，使得边销茶生产逐渐增多，边销茶的产量得以提高。截至2017年，雅安边销茶定点生产企业有5家，拥有藏茶生产许可证的企业高达25家。同年，雅安藏茶在藏区销售占藏区茶叶总销量80%以上。改制后的藏茶企业，均按照现代企业的要求进行经营管理，产权明晰，实行资产重组和生产要素整合。原雅安茶厂改名为“四川省雅安茶厂有限公司”。公司采取“公司+基地”的经营模式，每个公司都有自己的茶叶原料供应者，并形成了稳定的合作关系，不仅促进了公司的发展，也增加了当地农民的收入。雅安藏茶已成为雅安地区以及川西南茶区农村经济的重要支柱产业。

总结历史上各朝各代对边销茶所实行的政策，无论是“榷茶制”、“茶引制”，还是“引岸制”，制定政策的统治者都有一个共同的思想基础：他们一方面看到茶叶边销能为国家财政带来可观收入，通过以茶易马可以装备军队、支持战争，有利于巩固边疆、巩固政权；另一方面还看到边疆各地少数民族对茶的依赖，鉴于茶叶在少数民族地区的重要性，对茶叶边销实行垄断和控制政策，有利于对边疆少数民族进行约束和控制。宋朝大臣王韶言：“西人颇以善马至边，所嗜唯茶，乏茶与之为市。”明代巡抚严清疏云：“腹地有茶，汉人或可无茶；边地无茶，蕃（番）人或不可无茶。

先此议茶法者曰，茶乃蕃（番）人之命。”他们的话充分表达了封建统治者的心声。所以，他们对边销茶总是施以严格的垄断和禁榷政策，茶叶不是作为一种物资，而是作为一种手段，以达到以茶制边的目的。宋时平息西夏之乱，曾将禁止给茶作为手段，迫使西夏王元昊屈服。明时一度规定，入藏之茶限“百万斤而止”，它和驸马欧阳伦私茶出境被处以死刑都是很典型的例子。由于长时期受到这种思想支配，边茶业的发展难免受到很大的阻碍。

新中国的成立，人民政府实行民族平等、民族团结的政策，边疆少数民族同胞也成为了国家的主人，边茶之禁也就因之解除，让旧时代建立在民族歧视、华夷对立思想之上的“以茶制边”、“以茶奴番”政策走到了尽头。人民政府不仅在边茶产区积极发展生产，提高质量，扩大产量，同时也打破了一千多年来对藏区在茶树种植上的禁止，在康区的泸定、西藏的波密地区试种茶树成功，并且还引进制茶技术，建设茶叶加工厂，培养藏族茶叶技术人员和制茶工人。至此，旧时代的“政治之茶”，转变成了新时代的“民生之茶”、“团结之茶”，历代王朝“以茶制边”没有能彻底笼络住边疆少数民族人民的心，而新中国的“以茶促团结”却把少数民族人民的心与人民政府紧密联系了起来。

尽管古代封建王朝对边销茶叶采取禁榷和限制政策，但通过茶马互市、茶土交流，客观上还是起到了推动内地和边地、汉族和藏族紧密联系的作用。为了运输茶叶，从四川边茶制作中心雅安至西藏拉萨的茶马古道，无疑是内地与边地紧密联络，汉族与藏族和睦相处，推动经济文化发展的一条纽带。

早期藏茶生产企业所使用的商标（拍摄于中国藏茶博物馆）（胥伟 摄）

马边彝族自治县劳动镇柏香村高山茶园（胥伟 摄）

# 第三篇

## 产地——藏茶的原料沃土

雅安藏茶农产品地理标志登记保护地域范围：四川省雅安市的雨城区、名山区、天全县、荥经县、芦山县、汉源县、宝兴县、石棉县，共计8个区县、89个乡镇。地理坐标为：东经101°56′26″～103°23′28″，北纬28°51′10″～30°56′40″。生产规模66 666.67公顷，年产量5.4万吨（雅安市农业农村局于2020年3月18日公布）。

## 一、雅安市的概述

雅安市行政区划原属西康省省会，西康省撤销后转入四川省。地域上属四川盆地西缘山地，为四川盆地到青藏高原的过渡地带，地势整体呈现北、西、南三面较高，中、东部较低的地形特点。雅安市域内最高点为西南边缘的神仙梁子，主峰海拔约5800米左右，最低点则在草坝青衣江出境处，海拔仅500米左右，海拔高低落差达5300米，呈现典型的立体垂直性气候。市域内地表崎岖，山脉纵横，地貌类型复杂多样，山地多，丘陵平坝少。丘陵平坝多分布于河谷两侧，雅安城区则依青衣江两侧而建，平地资源极其有限，仅占市域面积的6%；低山（海拔500～1000米）在中部雨城区和名山县一带，占市域面积的4%；以中山（海拔1500～3500米）分布最广，约占总用地的60%以上；高山（海拔3500～5000米）占全市总面积的6%，多分布于宝兴县、天全县西北部和石棉县西南部及芦山县北端，相对高差1000～2000米。境内主要山地属邛崃山脉和大雪山脉，东南缘主要为南北向的小相岭北段。大相岭是大渡河、青衣江的主要分水岭，为市域自然地理的重要分界线。中国工农红军万里长征徒步翻越的第一座大雪山夹金山即坐落于此。当地流传着这样一首民谣："夹金山，夹金山，鸟儿飞不过，凡人不可攀。要想越过夹金山，除非神仙到人间！"

雅安蒙顶山（何涛 摄）

夹金山南麓的秀美风光（胥伟 摄）

## 二、雅安建置的历史传承

雅安地域内人类文明活动历史悠久，早在先秦时代便已纳入中原王朝管辖。境内有人类活动的历史甚至可以追溯到旧石器时代，今雅安市汉源县境内的“富林文化（雅安市汉源县）”遗址便是中国南方旧石器晚期的重要标志。

战国时期，秦惠文王更元九年（前316年），秦灭蜀后置蜀郡，在该区开青衣道，置邮传。随后，羌人沿青衣江徙步入雅安，是为青羌，即青衣羌国故地。战国后期（前222年），秦灭楚，迁楚遗族严道（庄道）入蜀，立严道县（治所荥经），隶属蜀郡，这便是雅安最早的建置。

西魏废帝二年（553年），魏平蜀以后，始移民垦殖，设蒙山郡（治所今雅安多营），领辖始阳（县治今雅安多营）、蒙山（今名山蒙阳镇）二县。周武帝天和三年（568年），改蒙山郡分置黎州、沈黎郡。五代时（934年），于雅州增设永平军节度使和碉门安抚司（天全城西）。

北宋真宗大中祥符年间（1008—1016年），雅州治所，由今雅安多营坪迁到苍坪山麓（今雨城区）。元宪宗八年（1258年），雅州属嘉定府治，并增置天全招讨司（天全县城和始阳镇），统属陕西行省吐蕃本部宣慰使司管辖。

明代地方政权实行府、州、县三级制。雅州辖芦山、名山、荥经。州治在今雨城区。清初仍为雅州，雍正七年（1729年），升州为府，雅安属上川南道，辖名山、荥经、芦山、天全、清溪、雅安六县。在此期间，清廷正式收缴了天全高、杨二土司印信封号，实行改土归流，结束了760余年的土司统治。

民国二十八年（1939年），西康建省，四川省第17行政督察区改设为西康省第2行政督察区直至解放。1950年，雅安解放，设雅安专区，雅安为西康省省会。1955年，撤销西康省，雅安专区并入四川省，并将名山县和泸定县划属地区。

1981年，改称雅安地区，管辖雨城、名山、荥经、汉源、石棉、天全、芦山、宝兴8区、县共42个镇、106个乡（其中18个民族乡）。2000年12月，撤销雅安地区设立雅安市（地级市）。2012年11月6日，撤销名山县，设立雅安市名山区。

雅安市素有“四雅”：雅女、雅雨、雅鱼和雅茶。雅安茶叶产品最为出名，发展到今天，雅茶享誉世界。雅安藏茶农产品地理标志登记保护地域范围：四川省雅安市的雨城区、名山区、天全县、荥经县、芦山县、汉源县、宝兴县、石棉县，共计8个区县、89个乡镇。雅安因其西南高、中东低的地势走向，不同的茶叶小产区有其独特的品质风格。茶人所关心的自然是各个山头上所产藏茶原料的品质特征，但雅安藏茶的生产工艺讲究初制和精制分开生产，故而各产地的原料通过初制后通常会进行精制，以下产区的地域概念则主要指初制原料选用来源。历史上，为雅安藏茶生产提供的原料则广泛来自于四川甚至省外各地。

## 三、雅安藏茶原料的产区范围

在雅安藏茶形成和发展的早期，雅安地区的茶叶产量较大，自给有余。元朝以后，雅安的茶叶产业萎缩，特别是明朝中后期到清朝，雅安本地的茶叶原料已不能满足其加工生产的需求，开始从周边地区购进。到20世纪50年代，西康省撤销前，南路边茶的原料分为“康南边”和“川南边”两大类。康南边是西康省所属的雅安、荥经、洪雅、天全等地生产的南边茶原料。川南边是由四川省的名山、邛崃、洪雅、丹棱、夹江、峨眉、犍为、雷波、马边、屏山等地生产的南边茶原料。

雅安蒙顶山（何涛 摄）

马边采茶节旅游活动（胥伟 摄）

西康省在1955年被撤销后，雅安并入四川省。当时把雅安地区的雅安、名山、荥经、天全等县生产的“做庄茶”和“毛庄茶”叫“本区茶”，把雅安地区以外生产的南边茶原料统称为“外区茶”。后来由雅安地区派人到洪雅、丹棱、峨眉三县进行技术指导生产做庄茶，其质量接近雅安的做庄茶，也能做为本区茶原料使用。其他的县只有金玉茶和绿茶（包括条茶）作为南路边茶原料。

蒙顶山风光（何涛 摄）

到了20世纪70年代以后，由于南路边茶的市场需求量增大，还分别从云南、安徽、湖北、湖南、浙江、福建等省调进大批的各类茶叶作为南路边茶的原料，这些原料茶有各档次的绿茶、黑毛茶、茶果皮等。

## 四、原料茶主产区的自然条件和原料特点

### （一）四川西部茶区

现在的雅安市、乐山市、眉山市、宜宾市的屏山县、凉山州的雷波县组成此茶区。

该区域的海拔偏高，从500米到1300米都有；水资源丰富，年降雨量1100~1800毫米；云雾多，空气湿度大；年均温15℃~17℃，极端最低气温不低于-8℃，大于

或等于10℃的年积温在4500℃左右，无霜期平均在270天以上。区域内的土壤类型有黄壤、紫色土等，土壤pH值为5.5~6.5。植被上，森林覆盖率较高。绝大多数茶园的小气候是光照较少，空气湿度大。茶园土壤的有机质含量较高，土壤较肥沃。

川西茶区的茶树品种多为四川中小叶群体品种，也有福鼎大白、福鼎菜茶、鸠坑群体、湖南群体、云南大叶等外地群体品种，其中的中小叶种占绝大多数，有少量的云南大叶等大叶品种。全年茶园的采摘仅四个轮次，海拔高、气温低的地方只有三个轮次。

蒙顶山山顶秀美风光（何涛 摄）

由于该茶区的气候、土壤条件较好，茶树新梢的持嫩性强，是生产高档绿茶的好原料，闻名中外的蒙顶名茶和峨眉名茶均出自该区域内。原来在这个区域内相当一部分的茶园只采收粗茶（即雅安藏茶中的黑茶原料），更多的茶园是粗细（细茶即绿茶）兼采。位于该区域内的雅安市所生产的做庄茶是品质最好的黑茶原料，沐川、马边、屏山、雷波等县的金玉茶质量也较好，主要表现在茶叶叶片肥厚，内含物丰富，水浸出物含量达28%~30%以上，病虫叶少，农残较低。川西茶区的南路边茶原料产量占总产量的60%以上。

蒙顶山山门入口处标志性景观（何涛 摄）

## （二）四川东南部茶区

这个茶区包括泸州市、宜宾市、自贡市。

该区域内的地势较低，海拔多在800米以下，年均温在15℃~18℃，极端最低气温不低于-4℃，大于10℃的年积温为5000℃~6000℃。年降水量1000~1300毫米，相对湿度80%左右，无霜期长达300天以上。区域内的土壤为石灰岩和砂岩黄壤。土壤pH值为4.5~5.5，虽然土壤的酸碱度较适宜茶树生长，但是土壤相对贫瘠，肥力较差。

本茶区的茶树品种有四川中小叶种，也有较多的大叶种，主要有云南大叶种和部分黔眉系列、蜀永系列等大叶品种。该茶区内的主产茶类是绿茶和红茶，川红工夫就产在该茶区，雅安藏茶原料只是附带生产。由于区域内生产绿茶和红茶时对茶树施行强采摘，剩下来制作金玉茶的茶树叶片普遍较老，叶片较轻薄，内含物较少，水浸出物仅有23%~26%。区域内的光照较强，茶叶中的茶多酚含量高于其他茶区。茶园中的病虫害多，茶叶中的农药残留量也较高。该区域所产的雅安藏茶原料主要是金玉茶、少量绿茶和条茶，数量上约占雅安藏茶原料的20%~30%。

### （三）四川东北部茶区

四川东北部茶区由绵阳市、广元市、巴中市、广安市、达州市等的茶区组成。该茶区的茶园面积不大，雅安藏茶原料产量不多，约占总产量的5%~10%。

在该区域内，茶园分布在海拔800~1000米；茶区的年平均气温为14℃~17℃，极端最低气温在−8.2℃以上，大于或等于10℃的年积温为4400℃~5500℃；年降水量在800~1000毫米。该茶区的茶园多位于大巴山等大山区，茶树的年生长期短，生产量小，主产茶类为绿茶，兼产部分雅安藏茶原料中的金玉茶。该茶区生产的金玉茶叶片小而肥厚，色泽绿润，内含物丰富，水浸出物一般在28%~32%以上。因初制工艺和技术的差异，其品质不如雅安所产的做庄茶。

虽然全省生产边茶原料的地方很多，其主产县只有一部分，即80%以上的产量都集中来自1984年四川省政府确定的12个边茶生产基地县，它们是雅安、名山、荥经、天全、沐川、马边、峨眉、洪雅、丹棱、都江堰（旧称“灌县”）、北川、平武。前9个县为南路边茶原料生产基地县，后3个为西路边茶原料生产基地县。

### （四）省外产区

省外的雅安藏茶原料产区有三个比较稳定的地区。一是重庆市，其特点与四川的川东南茶区相同，部分与川东北茶区相同。主要产茶县有涪陵、万州、开县、城口、万源、宣汉、梁平、南川、永川、荣昌等区县，主要是生产金玉茶，有少量条茶。二是云南的昭通地区，有盐津、绥江、彝良等县，茶区的特点也类似于川东南茶区，以金玉茶生产为主。三是贵州的遵义地区，南路边茶原料由该地区的桐梓茶厂加工生产。

省外其他地方的原料来源主要根据具体需求情况，在种植中小叶茶树品种、主产绿茶或其他种类边茶原料的茶区临时采购。

# 五、雅安藏茶的主要生产地——雨城、名山

雅安位于四川盆地西部边缘与青藏高原过渡地带，地理位置为北纬28° 50′~30° 51′，东经101° 55′~103° 23′。以山地地貌形态为主并由东向西逐渐升高，山地面积占全区总面积94%。山体外形特征表现为山坡陡峭，多断岩陡岩与V形河谷，高山区广见山前平台和缓坡地带。地貌主要特征是层状地貌，各类山地、断层岩、盆地和V形河谷等错杂分布。

断岩陡岩与V形河谷地貌（胥伟 摄）

本区气候：在各种因素的共同作用下，各地气候既有地带性，又具备立体分布的属性。除少数高山地区外，气候类型基本属于亚热带湿润季风气候区。可分为青衣江流域和大渡河流域气候两类型。雅、名、荥、天、宝、芦六产茶市县属青衣江流域气候，年平均气温14.1~16.2℃，平均积温大于10℃日数242天，年有效积温4760℃~5100℃，按茶树10℃以上开始生长，积温4500℃以上生长较好的要求，宜于种茶。

本区降水量：六个产茶区县平均降水量1500毫米，除宝兴为730~980毫米外，荥经、名山、芦山在1000毫米以上，雨城、天全在1700毫米以上，是四川雨量最大中心之一。在茶树生长期内，降雨充足，唯3月茶芽萌动季节需大量水分，而此期降水量少，六市县仅27.4~53.6毫米，对茶芽萌动和新梢伸展有一定影响。7月则降雨量过多（雅安339.7毫米、名山310.4毫米），为本区茶园不能容纳，若引蓄设备差，将造成土壤严重冲刷。

空气湿度：区内各产茶县全年空气相对湿度在80%~83%，对好湿性作物的茶树生长较为有利。

日照时数和光辐射：全年日照时数，雨城1039.4小时，名山1060.7小时，荥经948小时，芦山943小时，天全860小时，宝兴（灵关茶区）850小时。光照量低，系空中云雾、水滴造成，并富有漫射、散射光，利于含氮化合物的合成和茶树香气成分的形成。雨城、名山两地光辐射年值为83 387~83 875kal/cm$^2$（生理辐射年值43 361~43 615kal/cm$^2$），属低光辐射区。总光量与光辐射均适应茶树耐阴、低光植物的要求。

本区土壤：本区土壤型属亚热带气候红壤带，垂直分布明显。河谷平坝主要是冲积土；丘陵低山区主要为冲积土及红壤带；中山区主要是黄壤、黄棕壤分布带；3000米以上高山区主要分布灰化土和高山草甸土。本区茶园土壤较贫瘠，多数茶园土壤pH值为5.5~6.5，总含氮量在1%以下。

## （一）雨城区

雨城区，建区之前曾称雅安市、雅安县。历史悠久，资源丰富，环境优美，民风淳朴，是雅安市的政治、经济、文化中心。从城区沙溪村出土的新石器遗址发现，早在新石器时期以前，先民已在此繁衍生息。雨城区古属“梁州”、“青衣羌国”。秦、汉属严道、青衣，东汉置汉嘉郡。西魏废帝二年（553年）置始阳县，为雅安建县之始，为蒙山郡治所。隋置雅州，后改严道县，为州、县治。民国二十八年（1939

年）设立西康省，雅安县隶之。1955年10月，撤销西康省并入四川，雅安市、县并存，其中雅安市直隶四川省政府，雅安县隶属雅安专署。1959年3月，撤省属雅安市并入雅安县。2000年11月23日，原县级雅安市改称雨城区至今。截至2019年12月，雨城区辖5个街道（东城街道、西城街道、河北街道、青江街道、大兴街道），14个乡镇（草坝镇、姚桥镇、晏场镇、上里镇、多营镇、碧峰峡镇、望鱼镇、周公山镇、八步镇、陇西乡、李坝乡、香花乡、和龙乡和周河乡）。

碧峰峡自然景观（胥伟 摄）

雨城区位于四川盆地西缘，青衣江中游，成都平原向青藏高原过渡带的盆周西南部边缘，雅安市的东部，东经102° 51′至103° 12′和北纬29° 40′至30° 14′之间，东西最宽约34公里，南北最长约63公里，呈南北狭长状；全区地势西高东低，处于邛崃山脉二郎山支脉大相岭北坡，为中低山地带。山地占全区总面积91%，其中海拔1000米以下的低山占45%，1000米以上的中山占46%，平地占9%，主要是河谷阶地和山间盆地。全区气候类型，除少数高山区外，基本属于亚热带湿润季风气候区。冬无严寒，夏无酷暑。年均气温16.1℃，全年以1月最冷，月平均气温6.1℃，7月最热，月年均气温25.3℃。城区年均日照时数1019小时，年日照率为23%，年平均湿度为79%。无霜期长，降雪稀少。年均有霜日9.2天。该区年均降雨日218天，降水量1732毫米，多为夜雨，夜雨率占比60%。日照偏少，湿度较大。该区自然气候多雨多雾，漫射光多，特别适宜茶树生长。雅安县之所以后更名为雨城区，以“雅雨”之多而出名，有“天漏之城”的美誉，传说为女娲娘娘补天最后一块未补的地方，女娲娘娘因为太累而落入凡间化身为碧峰峡，现为国宝熊猫的繁育基地。

雨城区茶园多分布在海拔600~1200米，土壤类型为茶末土和紫色土，pH值在5.5~6.5，土层深厚，土壤肥力较高，茶区空气清新，水源洁净，林竹葱郁繁茂，生物多样性水平高，生态环境好，是茶树生长最适宜地区之一。雨城区于2002年被四川省农业厅确定为“四川省第一批优质茶叶基地”和“全省第一批无公害茶叶基地县”，2007年通过了国家级茶叶标准化示范基地验收。2008年雨城区被列入四川省川西名优绿茶核心区。2011年，雨城区被省政府列为“四川省现代农业产业基地强县”，同时被中国茶叶流通协会评为“2011年度全国重点产茶县”。2016年10月被中国茶叶学会评为“中国名茶之乡”。

雨城区境内的万亩生态茶园（胥伟 摄）

1. 本山茶

产于雅安市现在的雨城区所辖的周公山一带，包括和龙、大兴、蔡龙、草坝等乡镇。周公山为雅安市雨城区境内一座比较大的山体，古时称“蔡山”。诸葛武侯征讨西南蛮夷途经于此而梦见周公，故名周公山。周公山自汉唐以来逐渐成为中国历史名山，山上庙宇众多，古建筑鳞次栉比，风光秀丽。

此地为雅安藏茶优质原料的主要产地。该茶区鲜叶旧时主要分两次采割，第一次在端午前后，第二次在白露前，在上次采购的面上留桩2~5厘米采割，这种方式采割的鲜叶属于芽叶型新梢，呈红苔绿梗，成熟度较低，一般在一芽八叶以内，所加工的做庄茶质量最好。现在因藏茶原料的提升，以加工企业需求为主可实时采摘，部分企业甚至采用春茶头批原料生产藏茶。

周公山毗邻四川农业大学雅安校区，四川农业大学学子素有徒步攀登周公山的习惯，在校内流传有“不爬周公山，后悔四年，爬了周公山，后悔一辈子”的说法，由此可见攀爬此山的难度。

从四川农业大学雅安校区内远眺周公山（陈华 摄）

周公山山顶的石碑（胥伟 摄）

雅安雨城区去往上里的山路早已实现了道路硬化，交通极为便利（胥伟 摄）

2. 上路茶

产于雨城区的大河、沙坪、孔坪、严桥、晏场、上里、中里、下里等乡镇，每年采割一次做庄茶，采割的时间一般在每年的大暑到立秋之间，由于其鲜叶的成熟度高于本山茶，达到一芽十至十五叶，品质也低于本山茶。

3. 横路茶

产于雅安市的名山、荥经、天全、芦山、宝兴县的做庄茶，还包括洪雅、丹棱、峨眉三县所产的部分做庄茶，这些地方的茶园春季都要采几批细茶，属于粗细兼产茶园，到小暑至立秋之间采割一季边茶原料，称为“一粗一细茶区”，因其做庄茶的内含物较前两种茶都低，故品质也就较差。其中峨眉产区目前主产高端名优绿茶。

峨眉茶区高山茶园（陈伟 摄）

解放初期的南边做庄茶原料收购价格（每50公斤）

| 年份 | 本山茶 | | 上路茶 | | 横路茶 | |
|---|---|---|---|---|---|---|
| | 价格 | 折大米 | 价格 | 折大米 | 价格 | 折大米 |
| 1950 | 72 960 | 1斗9升 | 58 750 | 1斗5升3合 | 53 370 | 1斗3升9合 |
| 1951 | 86 580 | 2斗3升5合 | 70 000 | 1斗9升 | 64 470 | 1斗7升5合 |
| 1952 | 138 000 | 2斗8升7合 | 122 000 | 2斗5升 | 110 000 | 2斗3升 |

资料来源：《南路边茶史料》引《西康日报》1952年10月3日报道。

注：1斗=10升=100合=25公斤；价格为旧制法币，改革币制以后10000元旧币=1元新币。

## （二）名山区

雅安市名山区夏为梁州之域，商周属雍州，属严道，汉属青衣、汉嘉。历经三国、两晋，归属未变。西魏废帝元钦二年（553年），南朝梁元帝与据蜀称帝的武陵王肖纪交兵，梁乞兵于魏，魏遣大将军尉迟迥伐肖于蜀。八月，攻克成都，肖纪所据之地，为魏所有，在今雅安置蒙山郡，辖始阳、蒙山二县，此为名山建县之始。民国28年（1939年），西康建省，以金鸡关为西康省东界，名山列入四川省第四区眉山督察行政公署。1955年属西康省，同年四川、西康并省，归四川省雅安专区（后改地区）管辖。2012年11月6日，撤销名山县，设立雅安市名山区，以原名山县的行政区域为名山区的行政区域。名山区现辖2个街道办和11个乡镇：蒙阳街道、永兴街道、蒙顶山镇、新店镇、万古镇、中峰镇、百丈镇、黑竹镇、茅河镇、马岭镇、红星镇、车岭镇、前进镇。

四川省雅安市名山区位于成都平原西南边缘。幅员面积614.27平方公里，辖区内多山河流域，地貌为低山台地，海拔600~900m，属于亚热带季风性湿润气候区，气候温和，雨量丰沛，冬无严寒、夏无酷热、四季分明、无霜期长。四季宜耕，植被茂然。年均降雨1500毫米，225个雨日，夜雨占80%，森林覆盖率32%。年均温15.5℃，无霜期298天；阴雨天多，日照偏少，年平均阴雨天277.2天，全年日照时数1053.5小时。土地资源丰富，土壤类型多样，酸性和微酸性土壤占耕地面积的64%，光热条件好，土壤肥力强。名山区境内山峦起伏，溪河密布，气候温和，雨量充沛，植被茂盛，茶叶资源丰富，空气质量优异。多样、优良的茶树品种，多雨、多雾、清新、优越的宜茶生态环境，成就了雅安名山区茶叶香高味醇、芽叶肥壮、耐冲泡的优良品质。近些年由于茶叶产业的发展，名山区的农业产业结构进行了大幅调整，名山区现有茶园面积达32万余亩，人均1.2亩茶园，种植茶叶已成为该区域农民的支柱产业，获得了良好的经济效益。名山区目前以产名优绿茶为主，是名副其实的全国名优绿茶生产基地。

蒙顶山皇茶园景观（何涛 摄）

雅安市名山区牛碾坪万亩生态茶园（胥伟 摄）

雨城区周公山茶园（四川雅安周公山茶业有限公司提供）

# 第四篇

## 工艺——孰对孰错厘不清

2008年6月7日，国务院国发【2008】19号文件公布了第二批国家级非物质文化遗产名录，雅安市茶业协会组织申报的南路边茶即雅安藏茶传统制作技艺Ⅷ-329名列其中（黑茶类）。雅安藏茶作为中国黑茶的典型代表，其传统制作技艺已成为“国宝”。

传统的藏茶在制茶学分类上为紧压茶类，属于后发酵茶。后因市场的需要而兴起散藏茶，该部分产品则不再属于紧压茶类。传统的产品因原料较成熟并含有部分茶梗，故须经过较复杂的制作过程使之发酵良好，品质应达到汤色橙红、滋味醇厚而无显著涩味，具有陈香或油香的香气特征。藏茶的制作过程，分初制、精制两个环节。藏茶的初制生产工作通常由各地分散的小作坊或茶农完成，大部分茶企则主要完成后续工序复杂的精制环节。

藏茶制作技艺入选国家级非遗名录

藏茶生产原料贮存（陈盛相 摄）

## 一、原料茶的生产方式（鲜叶的生产）

### （一）雅安本区鲜叶生产

在过去农业生产效率较低的年代，为优先满足粮食的供给，在自给自足的自然经济条件下，田地主要应用于粮食作物的生产，而专业的成片茶园则较少。藏茶生产所需的茶树鲜叶主要通过“粮茶间种”和“四边茶”（田边、地边、林边、河边）两条途径来实现。当时，农村也没有专门从事茶树种植的专业性茶农，老百姓既要种植粮食、蔬菜和水果，又要养殖家畜、家禽，还要种茶。几千年来，虽然出现过专业从事茶树种植的茶农，但更多的时期和更多的地方仅仅是将种茶作为农民的副业生产而已。因此，茶园的管理水平自然十分低下，茶树则多为茶籽直播的茶苗以单株栽培的方式进行种植，树高从20~30厘米的“鸡婆茶”到2~3米高的“高脚茶”都有；茶树没有定型修剪和轻修剪；没有中耕施肥；没有病虫害防治；没有合理的采摘和养蓬，因此茶园单产很低，平均只有20~25公斤/亩。茶树的繁殖也完全靠种子的自然繁殖和人工的播种繁殖，这种有性繁殖的群体种形成的茶园，其发芽有早有迟，并夹杂很多“紫芽种”，这些因素对茶叶的产量和质量都会产生非常不利的影响。雅安本区茶园的采摘形式，部分茶园在春季要采摘几个批次的细茶（绿茶），用于内销或生产毛尖茶和芽细茶，到夏季采割一季粗茶（黑茶原料做庄茶或毛庄茶），

雅安藏茶的原料生产早已实现了机械化采摘（陈玮 摄）

称为粗细兼采茶园。大部分茶园只采割粗茶，不采摘细茶。现如今，也有通过采茶机的方式进行鲜叶采收，俗称“机采”鲜叶。茶树栽培技术发展到今天，已日新月异。高产优质的栽培技术已使茶园产量翻了数十倍，高效的机采也取代了传统的人工，藏茶的生产已实现机械化和现代化。

在鲜叶的采摘要求上，绿茶和条茶（级外绿茶）的采摘要求与现在的绿茶采摘要求相同。做庄茶和毛庄茶的采摘分为刀割南边和手捋南边，雅安地区除荥经县是手捋南边外，其他地方都是刀割南边。刀割南边茶采割时用专用的采割工具“茶刀”或普通镰刀，刀割南边的鲜叶含梗量高，加工揉捻时易把叶片扎破，需要有拣梗工序，但是刀割采摘可留叶养蓬，对茶树生长有利。手捋采摘的鲜叶含梗量低，加工方便，成茶质量好，可是手捋采摘时往往留叶不够，造成茶树的衰败，甚至枯死。

雅安藏茶鲜叶机采现场（陈玮 摄）

雅安藏茶机采鲜叶（陈玮 摄）

刀割南边茶的茶园在留养树势方法上有三种。第一种是中蓬留养，离地面30~80厘米高开采，采割面整齐，多用在粮茶间种并且是粗细兼产的茶园。第二种是“层楼式”的高蓬留养，一丛茶树从离地30~40厘米到2米多高形成多个采割面，各个质量好，雅安市雨城区和名山区的“四边茶”、粮茶间种茶园多是这种茶蓬结构。第三种是低蓬留养，离地面15~20厘米采割，每年一次，年年台刈，这种采割的时间一般在每年的9至10月，特点是鲜叶的成熟度高，茶梗粗老，其优点是可防止当年的新梢受冬季的低温冻害，所以，常常应用于天全县二郎山的高海拔茶园。

### （二）外区鲜叶的生产

在黑茶原料的生产上，洪雅、丹棱、峨眉等县有少部分专产粗茶的茶园，有的称为“割荒茶”。其他地方的金玉茶都是作为其茶叶生产的副产品。

原来沐川、马边、峨眉等县的多数茶区都采用手捋采摘南边茶原料，到20世纪80年代以后都改为刀割采收，现在重庆市万州区、涪陵市的很多县也还有手捋采摘南路边茶的做法，其他地方的金玉茶都是修剪叶加工而成。

绿茶作为南路边茶原料，在20世纪50年代以前，青毛茶（晒青毛茶）作为南边原料的较多，主产区是邛崃市、乐山市的各产茶县，解放以后，逐步用炒青和烘青绿茶代替，不再用晒青茶，产区扩大到全省，只有少数地区在级外绿茶的生产中还有晒干工艺。

## 二、原料茶的初制工艺

四川南路边茶的原料在茶类上划分为绿茶类原料、黑茶类原料和其他原料。绿茶类原料有炒青、烘青和晒青绿茶，包括级内和级外条茶；黑茶类原料有做庄茶（金尖原料茶）、毛庄茶（金玉原料茶）；其他原料有茶梗、茶果壳等。不同的原料其初制工艺不同。

友谊茶叶公司部分藏茶原料产品（黄嘉诚 摄）

### （一）绿茶类原料的初制

绿茶类原料在四川南路边茶中从高档的特级到低档的级外都要用到。高档绿茶作为毛尖茶的洒面和里茶，一般用春茶前期嫩度为一芽一、二叶的鲜叶加工而成，主要特点是条索紧细，白毫显露，通常高档绿茶的用量不大。中档绿茶用量稍多，鲜叶用春季采摘的一芽三、四叶新梢加工而成，常作为毛尖茶里茶配料和芽细茶的洒面茶。五、六级低档绿茶常作为芽细茶的里茶，四、五级绿茶还作为康砖茶的洒面茶。级外绿茶（条茶）作为康砖茶的里茶配料用量最大。低档绿茶和条茶一般采用夏、秋季鲜叶中嫩度在一芽四、五叶的鲜叶初制而成。

绿茶的初制工序为：杀青→揉捻→干燥。

**手工杀青：**传统工艺是采用手工操作杀青，所用的是平锅或斜锅，以柴禾为燃料。杀青锅温为220℃~260℃，投叶量1.5~2.0公斤（中档茶）。鲜叶下锅后，立即进行翻炒，开始以焖炒为主，经过1~2分钟的升温，叶温达到70℃~80℃时开始抖炒，当叶温下降时，又要焖炒半分钟左右，后改为抖炒，直到杀匀杀透。随着水分的散失，杀青温度下降，当叶色变为暗绿色，嫩梗折不断，杀青不粘手，青草气散去，表明杀青已适度，立即出锅摊凉。

**机械杀青：**解放后，推广应用机械制茶工艺。四川推广的杀青机械通常都采用90型或120型瓶炒机，其他的杀青机很少。锅温为300℃~320℃，投叶量为90型15公斤，120型40公斤为宜。仍然采用抖焖结合、先焖后抖的方法，杀青叶的出锅标准和手工杀青相同。用瓶炒机杀青时，一定要注意避免焖炒过度，一旦焖炒过度，杀青叶会发黄，茶叶的香气和滋味要出现水闷味。

雅安及周围茶区的雨水特别多，空气湿度大，鲜叶的含水量较高，常有雨水叶和露水叶，因此，在“看茶制茶”的原则指导下，灵活运用“高温杀青，先高后低；抖焖结合，多抖少焖”的规律是很重要的。

**手工揉捻：**传统工艺的揉捻是手工在竹匾内“推揉”，也有“团揉”的。根据杀青叶的嫩度、含水量确定揉捻的温度、用力大小和揉捻时间长短。一般嫩度高，含水量也较高，易成条，宜采用冷揉，揉捻时间也不能太长，用力也不宜过大，反之亦然。最后达到成条率在70%~80%以上，细胞破碎率达到50%~60%。揉捻一般分二至三次完成，后几次在干燥工序的间隔中完成。

**机器揉捻：**现在的普通绿茶加工已完全用机械代替手工操作进行揉捻，常见的揉捻机有CR-50型和CR-265型。机器揉捻的方法是将摊凉冷却的杀青叶倒入揉捻机的揉桶盖，在不加压的情况下轻揉几分钟，然后加压揉10分钟，松揉3分钟解块，再加压揉捻10~12分钟，又再松揉3分钟后出茶解块摊凉。

**干燥：**绿茶的种类有炒青、烘青和晒青三种，都是根据其干燥方法的不同来区分的。炒青绿茶使用锅炒干燥，烘青绿茶是焙笼或烘干机烘干，晒青绿茶是用太阳光晒干。

炒青绿茶可以用锅，靠手工炒干。经过杀青、第一次揉捻的揉捻叶放入锅内炒制称为炒二青，入锅的锅温为150℃，全部为抖炒，当锅温逐步降低，水分也下降到45%时出锅复揉第二次。二揉叶入锅称为炒三青，起始锅温为120℃，水分降低到25%时出锅，趁热复揉第三次。最后进行辉锅，方法是低温长炒，分二段炒到足干，当含水量接近7%时，高温提香约半分钟出锅。干燥后的毛茶经过摊凉冷却后装袋密封保存。机器干燥上，雅安乃至四川省长期使用瓶式炒干机既杀青又干燥的方式制作炒青绿茶，炒二青的初始锅温为170℃~180℃，炒三青的初始锅温为150℃~160℃，辉锅锅温为100℃左右。最后的干燥标准和手工操作完全相同。

烘青绿茶的干燥用烘干机，常用的烘干机有513型、CH−10型、手拉百叶式烘干机等。也有用焙笼烘干的，由于焙笼烘干效率低，燃料要求钢炭或木炭，难买到，且成本很高，仅用于高档名茶。普通烘青绿茶都用烘干机。杀青叶经揉捻后烘第一次叫“毛火”，风温110℃~120℃，摊叶厚度1.5~2厘米，当含水量降低到35%左右时出烘，摊凉半小时，摊凉厚度3~4厘米。毛火后须烘第二次，叫“足火”，风温控制在90℃左右，摊叶厚度4~5厘米，当水分含量降低到接近7%时进行短时间的高温提香，然后出烘摊凉冷却，装袋密封保存。

有的烘青绿茶再烘毛火以后，又用炒干机进行炒制到足干，称为“半烘炒”绿茶。

晒青绿茶又叫青毛茶，20世纪50年代以前占全省绿茶产量的90%以上，60年代以后，炒青绿茶的工艺广泛推广应用，晒青绿茶因香气和滋味都不如炒青绿茶和烘青绿茶，所以产量大幅度减少。现在有些地方的夏秋季生产的低档绿茶仍用晒青工艺。

晒青绿茶的干燥工艺是将杀青揉捻叶薄摊在晒席上，厚度约2~3厘米，在阳光下晒干，每40分钟左右翻动一次，使水分散发均匀。如遇阴雨天，可在通风的地方晾干。当水分降低到25%以下时，进行复锅。复锅就是在锅内炒干到含水量只有10%~12%时出锅，摊凉冷却后包装。

晒青绿茶的干燥是在阳光照射下进行的，会形成一种“太阳味”。这种可能是在阳光的紫外线作用下，茶叶中的蛋白质和一些香气物质转化而成的一种不愉快的气味。还因晒青绿茶的干燥时间较长和干燥时的温度偏低，在湿热作用下有轻微的渥堆发酵反应，表现在汤色偏黄，苦涩味减弱，带有“水闷味”。因此晒青茶的香气、汤色、滋味都不如炒青绿茶和烘青绿茶。作为南路边茶原料，晒青茶则比其他绿茶要优越，一是已有轻微的发酵，可以缩短再加工中的发酵时间；二是通过再加工发酵以后，“太阳味”消失；三是晒青绿茶对成茶品质没有影响，且干燥成本低，价格实惠。因此，许多老茶客钟情于采用“晒青”的方式制作而成的产品。

南路边茶的原料绿茶基本上都选用四川中小叶种茶树所产的鲜叶加工而成，也购买过湖南、湖北、安徽、浙江等省的中小叶种产区生产的绿茶做原料。这样制出的茶砖滋味鲜醇，苦涩味轻。

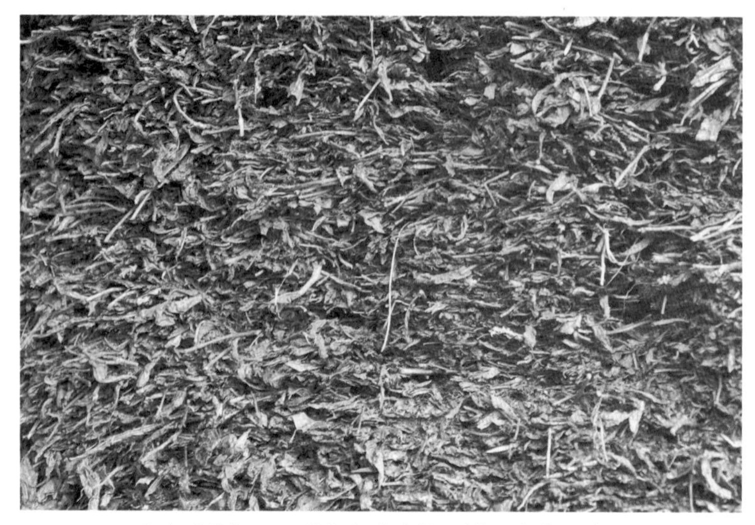

中小叶种加工而成的南路边茶原料（陈盛相 摄）

## （二）做庄茶的初制工艺

### 1. 传统工艺

小作坊或茶农对南路边茶的初制，历来有一定工序，过程亦很严密。采割鲜叶后即投入红锅杀青，取出搓捻、晒干，再用甑蒸，然后装入麻袋用脚在蹈板上蹈踩，使之成条。为使茶索美观，茶农常要蒸、蹈三次（称三道桶），也有蒸、蹈两次的（称二道桶）。还有鲜叶杀青后未经蒸、蹈和发酵处理即行干燥的称毛庄茶，其色青黄、香气低、品质差。

做庄茶又叫“金尖原料茶”，是南路边茶的主要原料，占原料总需求量的60%以上，康砖茶和金尖茶都以它为主要配料。做庄茶在初制过程中就进行了杀青、揉捻和发酵（渥堆），到了成品茶生产时则不再需要精制，直接进入毛茶加工即可。

做庄茶三道桶的传统工艺须经18道工序。即生叶红锅杀青→第一次扎堆（发酵）→第一次晒茶→第一次蒸→第一次蹈→第二次扎堆→第一次拣梗→第二次晒茶→第二次蒸→第二次蹈→第三次扎堆→第二次拣梗→第三次晒茶→筛分→第三次

做庄茶原料（陈盛相 摄）

蒸→第三次蹈→第四次扎堆→第四次晒茶。整个过程简称：一炒、三蒸、三蹈、四扎堆、四晒茶、二拣梗、一筛分。

做庄茶两道桶的传统工艺，须经过14道工序，即在三道桶工序基础上，蒸、蹈、扎堆、晒茶各减少一次。

（1）杀青

做庄茶手工杀青的锅灶要求为灶高75~80厘米，锅口直径90~100厘米，安装成30°的斜度，靠火门一侧用砖砌1.2~1.5米高的挡火墙防烟尘，锅灶要设烟囱。也有用直径为70厘米的普通做饭平锅代替专用杀青锅灶进行杀青，用柴草作为燃料。杀青的方法有两种：

第一种为间隙杀青法：当锅温升高到260℃~280℃时将10公斤左右的鲜叶投入锅内，用木叉不断地翻炒，先焖炒，后抖炒，抖焖结合，多焖少抖。当杀青叶的叶温升高到70℃以上，叶质变软，叶面失去光泽，含水量下降到58%左右时，表明已经杀透可以出锅，紧接着杀下一锅。

第二种为连续杀青法（该方法现已不再使用）：当锅温升高到280℃时，投入10公斤左右的鲜叶，当杀青杀透以后将一半的杀青叶出锅，留一半在锅内，投入5公斤左右的鲜叶做“包心”，使鲜叶很快升温，可以提高杀青的效率，但是这种方法使得杀青不均匀，有的杀青叶不能及时出锅，而产生烟焦和炭化，影响茶叶的质量。由于做庄茶的鲜叶原料较粗老，含水量在65%~70%之间，导热性差，加上投叶量大，不易杀匀杀透。因此，在杀青时可向锅里洒少许的水，产生大量的蒸气，利用水蒸气的穿透力使得杀青更均匀，更透彻。

（2）渥堆发酵

精制过程的渥堆发酵（陈盛相 摄）

南路边茶的渥堆发酵有其独特的地方，有别于其他茶类，经过四次渥堆后，形成特有的色、香、味、形。渥堆发酵条件要求在环境清洁、无任何污染、避风、无阳光直射的室内进行。

渥堆发酵工艺按其阶段顺序分为四次完成。第一次为杀青叶的发酵，在杀青叶出锅后，趁热堆放，并把堆子扎紧，注意保温，堆放的高度在1.5~1.7米。如果杀青叶量小可放入皇桶（一种大型圆木桶）内进行发酵，也有放入拌桶（在收水稻时用来脱粒的方形容器）内发酵的，在发酵叶上面覆盖棕垫、麻袋等保温。发酵时间的长短根据堆子大小和天气状况而定，一般6~12小时为宜，如果堆子大，气温高，时间控制较短，反之亦然。第一次发酵的目的是让梗叶分离，便于拣梗后进入以后的加工程序，其他目的是次要的。

第二次发酵时在第一次蒸揉（蹓）以后，将蒸揉叶直接趁热倒堆，并扎紧。第二次发酵的目的是形成边茶的色、香、味。堆子高度、保温保湿，同第一次发酵一样，发酵时间一般为24~48小时，也要根据气温的高低、堆子的大小和观测堆心的温度的变化来确定，如果气温高、堆子大，发酵转色就快，所需要的发酵时间就短，反之所需时间就长。

第三次发酵是在第二次蒸揉以后进行，和第二次发酵一样的操作，目的是加深发酵程度，并使之更均匀。

第四次发酵是在第三次蒸揉以后进行，是作为前三次发酵的补充。由于进入第四次发酵的揉捻叶含水量较低，仅24%左右，发酵强度明显减弱，如果前三次发酵程度较高，第四次就可以弱一些，一般在12~20小时即可，如果前三次发酵严重不足，第四次就要延长发酵时间来补充，有时长达72小时。

在发酵过程中一定要随时观察其变化，在气温低、堆子温度达不到50℃以上时要注意保温，用麻袋或棕毡覆盖。如果气温高，堆子温度达到75℃以上时要及时翻堆散热，减缓发酵，否则会发酵过度，俗称“烧仓”，烧仓的茶叶变黑，有的甚至腐烂变质，有的会碳化，完全无饮用价值。

南路边茶的汤色，褐红且亮（陈盛相 摄）

经过四次的渥堆发酵，茶叶色泽棕褐油润，俗称“猪肝色”或“偷油婆色”；条索呈“鱼儿型”或叫“辣椒形”；香气纯正，带陈茶香，无青草气和土腥气；滋味醇和，回甜，无苦涩味；汤色褐红且亮；叶底均匀。

（3）蒸茶

传统的蒸茶工艺是用茶甑蒸。甑高75~80厘米，上口直径35厘米，下口直径42厘米，下端4厘米处安放篾甑底。蒸到梗叶能分开，叶片柔软，甑盖出水汽为度。蒸茶时将茶叶装入甑内，盖上甑盖，放在水已沸腾的蒸茶锅上，蒸制10~25分钟，当茶叶温度达到95℃以上，第一次蒸到茶梗上的叶片用力抖动时会自动分离，就达到要求出甑。第二、三次蒸茶，见到甑口出蒸气，甑盖有蒸馏水下滴时就已蒸透，这时的叶片含水量和温度都适度，如果蒸茶的时间不够，叶片的含水量不足，温度也不够，茶叶因不柔软而难以揉成条，细胞破碎率也不高，茶叶的有效物质则很难被浸泡出来。叶温低和含水量低还使得接下来的发酵不充分，影响其质量。如果蒸茶时间太长，茶叶的含水量偏高，可能造成茶叶中的有效物质随茶汁流失；叶片的过热会造成叶肉和叶脉的分离，在揉捻中形成“丝瓜瓤”；含水量偏高容易发酵过度。

在蒸茶装叶时，头蒸时因叶片不成条，茶梗多，需将茶叶压紧才能多装叶，但到二、三次蒸茶就不能压得太紧，否则通透性不好，会导致下部的茶已蒸透，上面的茶还是冷的。

常见的蒸茶锅灶有三种，第一种是普通做饭用的锅灶；第二种是专用于蒸茶的锅，上放木板封盖，木板上有一到两个孔；第三种“瓮子锅”。三种锅灶的蒸茶效率悬殊。其中尤以瓮子锅蒸茶效率最高，刘英骅研究结果显示：瓮子锅8小时的产量为480公斤，是普通饭锅工效的2.5倍。

（4）蹓茶（揉茶）

蹓茶的作用就是揉捻，过去没有揉茶机，做庄茶原料又较粗老，因此不可能像现在做手工绿茶可以用手揉捻，老祖宗充分发挥聪明才智，发明了蹓制的方式来解决原料粗老的做庄茶原料揉捻的问题。蹓茶的蹓板（又称蹓板）长6~7米、宽1.2米，抬成倾斜角25°~30°，麻袋长120厘米，口径45厘米，茶叶盛袋中，扎紧袋口，置蹓板上端，两人双足同步慢慢将盛茶袋由蹓板上端蹬踩到下端（不使口袋滑动）。头道蹓4~6次，二、三道蹓5~7次。

蒸茶锅灶（素材来源于记录片《茶，一片树叶的故事》）

蹓制过程的第一步是倒茶，把蒸好的茶出锅后，用麻布盖住甑的上口，倒过来取出甑篦，在下甑口套上蹓茶的麻袋，将茶倒入蹓茶袋中。第二步是蹓制，通常蹓茶在蹓板上进行，鲜见在平地上蹓制的。蹓板蹓茶时两人各提装有热茶叶的麻袋的一头，上到蹓板的高端，将茶袋放在蹓板上，两人扶两边的扶手站在茶袋上，面向高处，慢慢地、有节奏地同步倒退着由上而下蹬蹓茶袋，使茶袋有规律地向下滚动。蹓茶的操作人员要紧密配合，快慢一致，脚的用力方向除向下外，还应踩茶袋两端向中部用力，茶袋只能在蹓板上滚动，不能滑动。麻袋中的茶叶在挤压和滚动力的作用下产生折皱，卷摺，逐渐成条。每一次从蹓板顶端蹓到下端称为蹓茶一脚。平地蹓茶的技术则要求较高，由一人站在蹓茶袋上，蹓制时茶袋不断地翻转滚动，形成一个直径3米左右的圆形运动轨迹。第一次被蹓制的茶叶称蹓“头道桶”，蹓第二、三次的叫蹓“二道桶”和“三道桶”。一般头道桶蹓4~6脚，目的是让梗叶分离，叶片折皱，不能多蹓，否则梗子会把叶片扎破而致碎末多，损耗大。二道桶和三道桶一般蹓6~8脚，目的是使茶叶成条，少蹓条索不好，多蹓又会使叶片破碎，加大损耗，还会使茶叶过多地降温，影响接下来的发酵。

（5）拣梗

又叫提梗。边茶鲜叶含梗20%~40%，初制时将10厘米以上长度之梗拣出，使做庄茶含梗5%~20%。这个工艺用于刀割南边做庄茶原料的生产，手捋南边原料没有该工艺，因为刀割南边的鲜叶，含梗量较高，有的梗长达60~80厘米，为了不让茶梗影响初制的质量，必须把长于10厘米的茶梗剔除，这种剔除茶梗的过程就是拣梗。该工艺在加工中分两次完成，第一次拣梗是在第一次发酵以后，叶片大部分已经和茶梗分离，第二次拣梗是在第二次发酵以后，拣去第一次没拣完的茶梗。拣梗的方法有筛子捞和手拣两种，筛子捞是用大孔的筛子将茶梗筛于筛面，与叶子分离；手拣是双手合抱茶叶，不断翻抖，将茶梗抖于表面后去掉。现在人们常用风力将梗和叶分离，方法是在风扇吹动的风中抛撒茶叶，比重小的叶片被吹向远方，留下比重大的茶梗。

（6）筛分

筛分的作用是将已成条的茶叶和未成条的叶片分离，以保证茶叶的质量和提高生产效率。筛分的方法是在第三次晒茶（干燥）以后用边茶专用筛子将已成形的茶叶和未成形的叶片分离开。边茶专用筛子用竹篾编制而成，长约1.5~1.8米，宽约1.0~1.2米，筛孔为3×3厘米。筛分时筛下的部分已基本成条，再经干燥可直接作原料，筛面部分需进入第四次蒸、蹓。

（7）干燥

以日晒或锅炒方式干燥。做庄茶的干燥要经过四次才能完成，第一次干燥后含水50%左右，第二次含水40%左右，第三次含水30%左右，第四次含水量，条茶14%、金尖16%，即达到收购标准。传统的做庄茶工艺中干燥方法主要是太阳晒，通常把发酵后的茶叶摊放在晒场或晒席上，厚度约10~15厘米，为了增加阳光的直射面和散失水分的表面积，将茶打成相距25厘米的沟垄，每隔40分钟到一个小时翻动一次。这种干燥方法效率高，节能，成本低，但是受气候因素的影响很大。其他的干燥方法，一种是锅炒干燥，因其效率低，耗能高而较少采用；另一种是自然通风干燥，虽然耗能低，但是时间长，要勤翻堆，且容易造成发酵过度，使茶叶变质，失去饮用价值；还有一种干燥方法是“石炕”炕干，石炕干燥要注意翻动和及时出茶，避免干度不够和过干产生烟焦。每一次干燥必须在每一次发酵结束以后及时进行。

**2. 做庄茶的改进工艺**

传统的做庄茶加工工艺有悠久的历史，技术比较成熟，但是，也存在很多不足：一是工序太多，生产周期长；二是手工操作，劳动强度大，效率低；三是耗能大，生产成本高。这些都不适应生产发展的需求。从20世纪60年代到70年代，对工艺进行了改革，简化了工序，引入机械设备代替人工进行生产，在保证质量的基础上，缩短了生产周期，降低了能耗，提高劳动生产率，减轻了劳动强度，提高了经济效益。改革后的加工工序为：高温杀青→第一次揉捻→第一次拣梗→第一次干燥→第二次揉捻→渥堆发酵→第二次拣梗→第二次干燥。

（1）杀青

杀青分蒸气杀青和锅炒杀青两种。蒸气杀青用0.3MPa的高压蒸气蒸制鲜叶2~3分钟，或用蒸茶甑蒸鲜叶10~15分钟，当鲜叶蒸透杀匀以后含水量由65%上升到70%以上，直接揉捻会使茶汁流失，质量下降，需要进行干燥降低含水量才能揉捻。由于蒸气杀青的耗能高，香气较差，所以，采用得较少。锅炒杀青通常用90型和110型瓶炒机，90型投入鲜叶20~25公斤，110型投入鲜叶40~45公斤，锅温在300℃~320℃，杀青的原则是“高温杀青，先高后低；抖焖结合，多焖少抖”。经过10~15分钟杀匀杀透以后出锅。这种杀青要求在揉捻中能达到梗叶分离的效果，因此，杀青程度要老（杀青老是指晒青时间较长，鲜叶失水多，反之杀青就嫩）。通常由于边销茶原料选用较为粗老，依靠鲜叶自身的水分产生的蒸汽不足以达到杀匀杀透的效果。因此，在杀青起始时，向滚筒杀青机内舀入一瓢清水，并将瓶炒机进出茶口（双向开关控制鲜叶进出）用木板进行遮挡，从而达到产生足够蒸气的目的，此类做法民间俗称为“洒水灌浆”。

（2）揉捻

通常用CH−265型茶叶揉捻机进行揉捻。第一次揉捻的主要目的是脱梗，而成条则是次要的。杀青叶出锅后，其含水量约为50%~55%，趁热装入揉桶内，盖上揉桶盖，在不加压的情况下揉捻半分钟，之后便打开揉捻机底部出茶门继续揉捻，已脱梗的叶子从出茶门中出来，茶梗子则继续留在揉桶内，揉2~3分钟后停机，把茶梗从揉桶中取出。第一次揉捻的时间不能太长，否则茶梗会把未脱梗的叶片扎破，产生大量片末，加大损耗。第二次揉捻是在第一次干燥之后，此时其含水量下降至40%左右且大多数的茶梗已经去掉，此次揉捻的主要目的则是破碎叶肉细胞，并使叶片卷折成条，所以揉捻时间相对第一次揉捻要长，时间通常为5~8分钟，而且要加重压，直到成条。

（3）拣梗

经过初揉的茶叶，大多数叶片已脱离茶梗，不能从出茶门出来的叶片要用人工拣梗，常用风吹选剔，辅助以手工选拣就能做到较好的梗叶分离。

（4）渥堆发酵

经过工艺改进的渥堆发酵工艺不再按照传统分四次进行，而是将四次渥堆发酵的效果浓缩至一次完成。将经过第二次揉捻已成条的茶叶扎堆发酵，经过2~3天，堆心温度将达到65℃~70℃时，此时进行第一次翻堆。其目的是将堆表的茶叶部分翻入堆心，而将堆心的茶叶部分抛在堆表，并打散团块。又经过2~3天，堆心的温度达到60℃~65℃时，进行第二次翻堆，方法与目的同第一次。再经过3~4天后，此时约有80%以上的叶片已转变成“猪肝色（棕褐色）”时进行第三次翻堆，翻堆后及时干燥。如不能及时干燥，得将堆温控制在35℃以下，使发酵速度减到最小，一有机会立即进行干燥。

（5）干燥

干燥的目的是终止发酵，使做庄茶便于贮藏和运输。通常的方法是日光干燥。由于生产规模的扩大，日光干燥速度较慢，且受天气变化的影响，不再适应实际生产需要。所以，多改用瓶炒机炒干。也还有用堆发酵，通过勤翻堆，开沟，挖洞，通风散热等方法进行干燥，直到把水分降低到16%以下。

## （三）毛庄茶的初制工艺

毛庄茶又叫“金玉原料茶”或“金玉茶”，它不同于成品的金玉茶。毛庄茶的鲜叶原料和做庄茶的一样，但是初制工艺则简单许多，鲜叶经过高温杀青，脱梗后直接干燥而成。毛庄茶的品质特征表现为色泽青黄，不成条，香气低。因此，毛庄茶原料必须经过复制才能作为南路边茶的配料，这样一来毛庄茶要经过两段加工才能进行毛茶加工，不仅成本高，而且质量也不如做庄茶，所以在原料初制中鼓励多生产做庄茶，少生产毛庄茶。

毛庄茶的生产工艺按杀青方式的不同大概分为以下几种：

**锅炒杀青工艺：**采用普通锅炒或瓶炒机高温杀青（又叫红锅杀青），原理及方法与做庄茶相同。杀青叶出锅冷却，然后拣梗，在梗叶完全分离后及时干燥，晒干或炒干都可，含水量达到14%时就可进行包装。这种锅炒杀青的金玉茶色泽鲜亮，香气高，质量好。

**蒸气杀青工艺：**传统的蒸气杀青工艺是将鲜叶放进锅内，倒入水后（水不能淹茶）盖上锅盖，然后加热，利用水产生的蒸气把茶叶杀透，这种方法叫“埪锅子”。改进后的杀青方法也同做庄茶蒸气杀青一样。经过第一次干燥以后拣梗，然后进行第二次干燥，直至含水量达到14%左右。该工艺的杀青叶含水量高，干燥时的要求较高，否则，如不能及时干燥会使茶叶沤稀腐烂。这种工艺的金玉茶，其香气不如锅炒杀青的好。

**日晒杀青工艺：**将鲜叶放在阳光下直接晒脱水，或在被晒的鲜叶上面覆盖一层塑料薄膜保温，使鲜叶尽快升温，起到杀青的作用，然后拣去茶梗，再晒到含水量在14%左右包装。这种日晒杀青工艺叫“天炕子”，该工艺的杀青没有经过高温，而且有较重的“萎凋作用”，这种金玉茶叶片发暗，香气差，多带有生青气和水闷味。经常还有很多叶片被沤变红，这种叶子在复制中一经蒸揉就成“丝瓜瓤”，严重影响茶叶质量。所以，不主张生产“天炕子”，收购部门也应拒绝收购这种茶。

**水煮杀青工艺：**这种工艺是将鲜叶放入沸水中煮1~2分钟，然后捞出摊凉，经初干后拣梗，再晒到足干。这种工艺叫“水捞子”。该工艺虽然经过高温杀青，加工出的金玉茶色泽较好，但是，茶叶的很多内含物质在水煮时被浸出而损失掉。另一方面，经水煮以后叶片中的含水量较高，迅速干燥很难，常有叶片被沤坏。因此，“水捞子”也是质量较差的金玉茶，也是不主张生产和收购的。目前，在川东南茶区、川西茶区的南部和重庆、云南的部分地区仍然用这种方法生产金玉茶。

目前，农村的生产格局有了较大变化，在南边茶主产区的茶叶生产中，内销绿茶的生产已占据主导地位，边茶原料的生产受销区市场需求状况的变化影响而有较大的波动。原料的加工条件也因农村现有茶叶加工资源的变化而有所变化，所生产的产品也不同。森林资源的减少，以木柴为燃料和人力手工操作的加工方法没有了，取而代之的是用生物质为燃料和以电力为动力的机器加工。因为缩短了加工时间，并且因土地资源的紧缺而缺少传统生产上所需的充足的发酵场地，做庄茶的发酵普遍不到位。

藏茶原料的蒸制渥堆（陈盛相 摄）

目前，南路边茶原料的做庄茶产区（包括雅安市、乐山市、眉山市）的黑茶类毛茶原料生产分两次进行。第一次传统的采割时间，在小暑到大暑之间采收，鲜叶的新梢较完整，嫩度较高，内含物丰富，质量较好。第二次是在普通绿茶产区的秋冬季修剪时间，利用修剪叶为原料加工，不少的茶园夏、秋茶的采摘较少，其新梢的质量也还较好，而那些采摘很强的茶园的修剪叶“鸡爪枝”多，叶片薄，内含物少，质量就相对要差许多。

嫩度较高的鲜叶原料（陈玮 摄）

在做庄茶的生产上，部分初制厂为了降低成本，稍加拣梗后便进行蒸揉，由于含梗量较高，很多叶片极易被扎破，形成“丝瓜瓤”和产生大量的片末，不仅加大了加工损耗，也使原料质量受到影响。讲究品质的初制厂，会对品质有较高的要求，杀青以后严格将含梗量降至4%~5%，并进行充分的揉捻、发酵、干燥，做出较好的做庄茶，精制茶厂更乐意收购此类品质原料，价格自然也要高出一些。

做庄茶原料库（陈盛相 摄）

当对毛茶需求量较大时，便要增加毛茶收购的来源。而现在每个茶叶初制厂对初制工艺的掌握程度或自我要求差异较大，原料时常会存在有烟焦气味、酸馊味、色泽发黑或发黄等品质不足的质量问题，这就需要精制茶厂充分考虑每批原料的特性，对部分品质有明显缺陷的产品分两类进行区别，后期可改善的原料收入毛茶仓库，经过4~6个月的贮存，经过自然后熟作用有所缓解再精制。而无法通过贮存改善的茶品则应直接拒收，以免影响成品茶品质。

## 三、毛茶加工工艺

南路边茶压制成包创自清初。之前，以散茶运销康藏地区。由于交通不便，运输困难，始创蒸压制法。据《天全县志》载："清初乃设架制造包茶，每包四甑，蒸熟以木架制成方块，每甑六斤四两……荥、雅、邛三邑商人闻天全造包之法，颇为便运……亦照样造包，各编夷号一同发售。"

清末规定，茶商所制茶包数目，需先呈报知县衙门备案，由茶政房发给准许证单，填明安架制造茶包的架师四人姓名，茶商照单雇请。架师工资伙食费皆由茶政房规定，必须遵守。制造茶包的木架，平时存放茶政房，茶商开始压制时向茶政房领用，按备案数目完成后归还，架师和业主均不得私自多压一包。违者县衙门视情节轻重予以惩处。

茶号购进毛茶后，经过做色、干燥、拣选、配堆、蒸茶、蹈茶、压包、剔包、贴商标、捆包、编包等过程成为产品。

新中国成立以后，南路边茶的精制加工沿用旧法，属笨重体力劳动。"压茶棒棒冲，干燥石坑烘，揉茶上蹈板，筛分靠手工"。1952年草坝茶厂厂长裴海全，仿照北方炕床的办法，亲自动手，创制河茶坑，解决了雅安秋冬雨季茶叶晒不干，影响制茶问题。继后雅安茶厂工人又创造"炕下上茶"、"快速发酵"、"双刀铡茶"、"茶堆剥皮"、"分堆过称"、"拣茶流水作业"、"先进编包操作法"等若干技术革新项目。1958年雅安茶厂设计制造了粗茶双动揉茶机（后定型为72-1型）代替了蹈板。1963年由邛崃茶厂创制的茯砖茶筑砖机，经宜宾茶厂改进提高在雅安茶厂推广后，1964年雅安茶厂铁制南路边茶冲包机制成投产，始丢掉冲茶棒，摆脱笨重体力劳动。1967年南路边茶加工干燥设备，改石坑为瓶式炒茶机，同年在设备更新中开始安置吸尘设备。自此，南路边茶精制加工中，毛茶整理、配料、压制、包装四个工段除包装工段外均实现机械化、半机械化。1974年4至9月，雅安茶厂在12个兄弟厂的支持和贵州省桐梓茶厂配合下，初步试制成功YA-771型自动压茶机主机样机，经过400多次反复试验，于1977年8月获得自动压茶机压制部分全线联庄自动同步的初步成功。1977年将原研制的冷却定型槽改为滑轮滚动冷却定型槽，增装螺旋茶叶输送器和铝板自动推进器，使机组结构更加自动灵巧，到位准确。生产性试验小结：一、单机台时产量效能低于冲包机。（自动压茶机每小时压制半斤砖900片，450市斤，冲包机每小时压制657市斤）二、电子秤准确性不够，出现正负差。三、压出砖片四周出现毛边，定型产品尚未达到原设计要求。四、压制工序的后步工序，大小包装机尚未设计试制。YA-771型自动压茶机未予正式投产，有待继续改进研制。

本区南路边茶的精制加工，1958年以后，除雅安、荥经、天全三个外贸茶厂加工外，1966年起苗溪茶场将茶树管理修剪下来的枝叶，进行南路边茶加工生产试验以后，苗溪、蒙山茶场均有少量南路边茶成品茶的生产（收购价1974年以前每担金

雅安茶厂（陈盛相 摄）

尖茶71元、康砖茶87元）。1973年6月行署批准兴建县办企业名山茶厂，搞边茶加工，加工成品交地区外贸部门安排调给。1985年雅安市兴办市茶叶公司，新建雅安市茶厂，加工生产南路边茶。

1951年至1985年全区共加工南路边茶成品茶4 763 507担，其中：毛尖茶1759担，芽细茶29 807担，康砖茶1 264 840担，金尖茶3 467 101担。平均每年加工南路边茶136 100担。

## （一）毛庄茶的复制工艺

毛庄茶实际是没有经过揉捻和发酵的南路边茶黑茶原料，其本质仍属于绿茶。因此，需要经过复制工艺制成复制做庄茶方可被用作压制茶砖的配料。现在南路边茶的原料组成上，复制做庄茶用于制作金玉茶时其比例占30%~40%，最多时甚至高达60%。因此，该原料复制后的品质对成品茶质量的影响非常大。现在毛庄茶复制的工艺为：发水堆放→蒸茶→揉捻→发酵→干燥。

（1）发水堆放：由于制作金玉茶的鲜叶比做庄茶粗老，叶片的角质化和纤维化程度高，加之金玉茶的含水量通常都较低，揉捻时不易成条，而且容易碎断成片末，因此如若要对其揉捻，必须先将其软化，发水就是软化叶片的方法之一。发水的另一个目的是增加茶叶的含水量，为发酵中的湿热作用和微生物的生长繁殖提供必要的水分条件。发水的第一步是将金玉茶的茶包打散，金玉茶一般都是经过长途运输和长时间贮存才能付制，为了节省贮存的时间和空间，茶包都打得很紧，叶片相互粘连在一起，含水量在16%以下，为了做到发水均匀，必须将粘连的茶叶打散，不得留有10厘米以上的茶块。第二步是发水，根据金玉茶的含水量，定量向打散的茶叶中加入热水，水温在50℃~60℃为宜，采用喷洒的方法使之均匀。发水后的含水量掌握在小叶种冬季26%~28%，夏季28%~30%，中叶种平均比小叶种高2%~3%。发水后的含水量过低，不能起到软化叶片的目的，过高则会出现茶汁流失，带走茶叶中的有效物质，还要加长干燥的时间和增加耗能，加大生产成本。第三步是拌和均匀，不得出现有的地方水多得外流，而有的地方水分又不足的现象。第四步是堆放，让茶叶充分吸收水分，然后堆放均匀，堆放时间不能少于24小时，也不要超过72小时。

（2）蒸茶：蒸茶的目的是提高茶叶的温度，这也是软化叶片的方法之一，还为发酵提供一个较高的起始温度，同时也是增加茶叶含水量的方式。操作的方法是将发水堆放过的茶叶放入蒸茶箱中，每箱装15~20公斤，通入0.3MPa以上的高压蒸气，蒸制2~3分钟，蒸到叶温达80℃以上，含水量增加4%~6%为适度，立即出茶。

（3）揉捻：金玉茶的揉捻作用和其他茶叶的揉捻一样，一是破碎茶叶的细胞，使茶叶细胞中的有效物质暴露出来，便于溶解到茶汤中被饮用。二是使叶片卷曲成条形，有较好的外形。当然，由于金玉茶的成熟度高，叶片的弹性大，如果按照绿茶的揉捻方法，加重压和长时间揉捻，即便把叶片揉碎也难以卷曲成条。因此，这种揉捻只能是使叶片卷曲、变形，产生折皱，便于在接下来的发酵中相互挤压成形，并在干燥时固定下来。这样揉捻出的外形只是接近做庄茶“鱼儿形”的外形。揉捻的第三个作用是让发水和蒸茶中增加的水分和热量分布得更均匀，使得发酵也均匀。和其他的黑茶砖不同的是，四川南路边茶的茶砖是通过存放自然干燥到含水量16%以下，这个过程一般为5~7天，时间过长就要发霉，水分的散失与茶砖的松紧度和通透性有关，揉捻后卷曲成条的茶叶比不成条的通透性好，有利于水分的散发。揉

自然干燥过程中的藏茶（陈盛相 摄）

捻成条的茶叶压成茶砖以后外观也好看，俗称“有子眼”。现在的金玉茶的揉捻方法是将蒸热的茶叶直接装入茶叶揉捻机，多数用雅72型双动式揉捻机，在不加压的状态下揉捻3分钟，揉捻后的卷折叶达60%~70%即可。

（4）发酵：金玉茶的发酵和做庄茶的发酵作用完全相同，但在方式上有所区别。现行的金玉茶的发酵工艺分为自然发酵和保温保湿发酵两种方式。

自然发酵：这是传统的发酵工艺，也是普遍采用的发酵方法。

发酵叶的倒堆。经过揉捻的金玉茶，趁热倒成发酵的堆子，最好保持叶温在45℃以上，将堆子扎紧，堆边收齐。为了减少茶堆的表面积，以减少热能和水分的散失，茶堆的高度在150厘米以上，长和宽最好不小于300厘米，通常生产一个堆子须用干金玉茶8000公斤，若茶堆过小且表面积大，则易散失水分和热能，不利于茶堆升温，加长了发酵时间或导致发酵不能正常进行。发酵的场地要能调节通风状况，进行发酵时不宜过分通风，冬季还要对茶堆覆盖保温材料。

第一次翻堆，又叫翻头叉。在倒好堆子的第二天就要进行第一次翻堆，翻堆的目的是将蒸揉后的发酵叶（此时的叶片含水量和温度不均）混合均匀，现在的加工中基本上省去了该工序。

第二次翻堆，又叫翻二叉。在翻头叉以后的4~5天（冬季要6~7天），堆子内的温度达到65℃~70℃时，叶片色泽由绿黄变成浅棕褐色，就要进行二次翻堆。翻堆的目的：一是将已经发酵到位的部分翻到堆面散热和散失水分，减缓其发酵，再将堆面温度低、发酵轻的叶子翻入堆心，加重其发酵；二是翻堆使茶堆疏松，增加茶堆的通透性和含氧量，促使茶叶内含物的有氧转化，避免发生无氧发酵；三是利于好气性微生物的生长繁殖；四是散发渥堆发酵中产生的一些不愉快气味。翻堆的技术要求是：

①要在开始翻堆的一端先开沟散热；

②要将堆心部分翻到堆面，再将堆面的部分翻入堆心，不能留死角；

③翻堆时要将茶叶抛起来撒开，让水分和热量充分散失；

④要将压紧的坨块解散；

⑤将翻好的堆子打平堆面，收齐堆边，注意对堆子保温。

第三次翻堆，又叫翻三叉。在第二次翻堆以后的3~4天（冬季要4~5天），堆心的温度达到60℃以上，叶片的色泽进一步加深时就要进行第三次翻堆。第三次翻堆的技术要求和第二次相同。

抓露水。在渥堆发酵的第二次翻堆以前，茶堆中的含水量较高，外加渥堆发酵时的空气湿度大，水分散失不多时，会在发酵堆面出现因堆内的水蒸气在堆表遇冷凝结成水，使堆面的部分地方含水量达80%~90%以上，这种现象叫“发露水”。在第二次和第三次翻堆以前出现“露水”会被茶叶吸收后重新分布，回到堆子中间，对促进茶叶的发酵有好处。但是，到第三次翻堆以后，发酵程度已接近标准要求，一旦再出现“露水”，就要把“发露水”的茶叶及时分离出来，摊凉干燥，这种做法叫“抓露水”。如果不“抓露水”，含“露水”的茶就会发酵过度，出现叶片发黑，甚至沤稀腐烂，完全失去饮用价值。“抓露水”的做法在本区做庄茶的发酵中常见，金玉茶的复制中相对运用较少，因为金玉茶的发酵在第三次翻堆以后，含水量下降到20%~23%，较少形成露水。

第四次翻堆，又叫翻四叉。在第三次翻堆后的2~3天进行，这时候整个发酵过程已基本完成，茶叶的色泽呈“猪肝色”，有较浓的陈茶香，无青草气和土腥味，这时就要终止发酵，终止发酵的最好方法是立即干燥。如果不能及时进行干燥，就要进行第四次翻堆。第四次翻堆的目的是散失水分和降低堆温，以此来减慢或终止发酵的进行。

开沟和打洞。在第四次翻堆以后，如果茶叶的含水量还高于20%，发酵仍然在缓慢地进行，为了进一步减缓发酵，就得对茶堆开沟、打洞，增大茶堆的表面积，改善其通风状况，加快降低温度和含水量，并适时进行第五次翻堆。直至发酵终止。

自然渥堆发酵的特点是发酵后的香气好，节约能源。不足之处是发酵周期长，占用场地大，发酵不够均匀，翻堆的劳动强度大。

保温保湿渥堆发酵：保温保湿渥堆发酵是借鉴烟草生产过程中的发酵工艺原理，结合南路边茶的渥堆发酵特点创造出的边茶渥堆发酵新工艺。于1976年在雅安茶厂建成投产的保温保湿发酵车间，用于金玉茶和毛庄茶的复制发酵、做庄茶的初制发酵、条茶和绿茶的复制发酵。这种发酵工艺解决了自然发酵中发酵周期长、占用场地大、翻堆劳动强度大和发酵不均匀的问题。

该工艺的原理是将蒸揉后的茶叶放人密封的发酵室内，采用人工加热加湿的方法使室内的温度达到65℃~75℃，相对湿度达到80%~95%，经过15~20小时以后，茶叶在高温高湿的条件下产生湿热作用，让茶叶进行充分的发酵反应，达到南路边茶所需的色、香、味、形。

保温保湿渥堆发酵的操作程序为：

预热：将揉捻后的茶叶趁热装入竹筐，并压实，每个筐装揉捻叶约200公斤，将其放入发酵室的存放架上，每个发酵室能放110个筐，关闭发酵室。对室内通入蒸气，进行缓慢地升温，经过6~9小时的升温后，发酵室的温度达到65℃左右，预热程序完成。缓慢升温的目的，一是使茶筐中心和外表的升温均匀，不能有太大的温差；二是减缓因升温不均匀造成水分散失的不均匀；三是使发酵室墙壁、地面与空气同步升温，如果空气升温过快，墙壁和地面温度低，这种温差会使空气中的水蒸气凝结，形成积水，有的积水还会滴到茶叶上，使茶叶的局部含水过高，影响发酵的均匀度。

发酵：预热完成以后，保持室内的温度和湿度的稳定。一般来说温度控制在65℃~75℃，不能低于65℃，否则要加温；最高不得超过80℃，过高要打开发酵室的门降温。相对湿度一般在80%左右，湿度偏低要加蒸气；湿度过高要排潮。经过15~20小时的发酵以后，就可达到发酵的要求。在发酵的后期要对发酵程度进行观察，避免发酵不足或发酵过度。

烘干：当发酵到位以后，就要尽快终止发酵。降温和降低湿度是减缓发酵的有效办法。第一步是排除湿空气，使相对湿度降到50%以下；第二步是鼓入干热风，使茶叶的水分散失掉，同时把室内温度降到60℃以下。经过约7个小时的烘干以后，就可以出发酵室，进入干燥工序。

自然发酵与保温保湿发酵之间的差异：保温保湿发酵完全是利用湿热作用，几乎没有微生物等因素的作用，因为在65℃~75℃的条件下，绝大多数的微生物被抑制或被杀死，不能起作用。在发酵时间只有36~40小时的情况下，即使是耐高温的微生物也不能形成很大的群落，不能对发酵产生影响。自然发酵则不同，在温度高的堆心，微生物不能生长，发酵主要是因湿热作用，在堆表30厘米厚的地方，温度较低，有大量的微生物滋生，形成很多肉眼都能看见的菌丝体和孢子果。这些微生物分泌的有机酸和酶系统对茶叶中的内含物进行分解和合成，这些分解和合成的产物与保温保湿发酵中各种物质的转化产物有所不同。

由于保温保湿发酵是在密闭的条件下进行，而自然发酵是在开放的环境中进行。自然发酵的环境通透性好，发酵的头三天有大量的带有青草气的低沸点香气物质挥发出来，随着发酵的进行逐渐减少，然后出现的是发酵后的茶叶的醇香。在保温保湿发酵时，低沸点的香气物质挥发出来以后不能散走，被茶叶吸收后，使得香气发闷，不清爽。因此，保温保湿发酵的茶叶香气不如自然发酵的好。

保温保湿发酵的优点是发酵时间短，效率高；不翻堆，劳动强度低；发酵叶的色泽均匀，汤色红亮。不足之处是生产设备的造价高；耗能大，生产成本高；香气和滋味略欠佳。由于这些不足的存在，现在的加工中很少采用保温保湿发酵，以后有待对该工艺进行革新。

干燥：干燥的目的是终止原料的发酵过程，使水分降低到满足可以长期贮存的要求，也改变其适制性，便于进行整理加工。干燥工艺常用滚筒炒干机进行，一般采用两级炒干，两级之间有短暂的冷却和散失水分，也有用一级炒干的。干燥以后的含水量在10%~12%为宜。

控制干燥时含水量的方法有：

（1）控制炉灶中火力的大小来调节炒锅温度的高低，实现锅温高，含水量低；锅温低，含水量就高。

（2）调节进茶量的多少来控制含水量，锅温一定时，进茶量越多，出来的茶叶含水量越高，反之越低。

（3）根据发酵叶的含水量、气温等因素对锅温和进茶量进行控制，达到含水量的适度。

停仓：停仓是将干燥以后的在制原料茶存放7~8天以上，散失干燥中产生的烟焦气和让水分重新分布均匀。在完成停仓以后，整个金玉茶的复制就结束。经过复制的金玉茶就是复制做庄茶。

## （二）毛茶加工工艺

毛茶加工是将收购的做庄茶、毛庄茶复制以后的做庄茶和复制后的绿茶进行整理，使其外形一致，均匀整齐，去掉非茶物质，把含水量控制在一定的范围之内，按配料比例标准进行拼配匀堆，经过打吊、蒸茶、舂包成型，再经存放冷却定型，最后包装出成品茶的全过程。毛茶加工的目的是要把原料茶做成成品茶砖。毛茶加工要依据国家和企业的产品质量标准，通过原料茶的拼配，使茶叶的感官指标、理化指标和卫生指标都符合标准的要求。以此为基础来维持产品质量的稳定，维护消费者的利益和树立生产企业的声誉和形象。

包装好的成品藏茶（陈盛相 摄）

### 1. 毛茶整理的工艺流程

南路边茶的产品种类多，生产所需的原料种类也多，不同的原料有不同的加工整理方法，通常的整理程序有：

筛分：筛分是茶叶整理

加工中最常见的方法，它能把茶叶的长短、粗细、轻重分离开来。南路边茶的筛分主要用滚筒圆筛、平圆筛和抖筛。滚筒圆筛用于做庄茶和复制做庄茶的粗筛，把茶叶叶片和茶梗，发酵后未打散的坨块分离开来；平圆筛用于做庄茶、绿茶、条茶的长短的分离和割末分离，通常圆筛80目以下的细末要去掉；抖筛用于绿茶的筛分，主要将条索粗细不同的茶叶分离。

风选：在南路边茶的整理中，风选的作用是把比重不同的茶叶分离开，同时也分离出比茶重的茶果仁、砂石、泥土块、金属物品和其他杂物，还能吹走粉尘。风选的形式有两种，一是对绿茶和做庄茶的风选用普通的茶叶风选机，从风选机不同的出口分出非茶物质、茶梗、重实的茶和轻飘的茶；二是用高速风机的入口产生的负压，将比重小的茶叶吸走，留下比重大的茶果仁和砂石等非茶物质，吸走的茶叶在回旋分离器中将不同质量的茶叶和粉末分离开来，这种风选一般用于复制做庄茶的整理。

拣剔：分为机拣和手拣。机拣用阶梯式拣梗机分离绿茶中的茶梗，做庄茶的长梗也要用阶梯式拣梗机拣去长梗。手拣是对机拣未拣完的长梗和一些树叶、杂草等与茶叶质量相同的非茶物质进行补充拣剔。

切铡：需要切铡的有几种情况，一是收购的光梗需要切铡后进行筛分；二是筛分、拣梗剔出的长度超过3厘米的茶梗要切铡；三是筛分出的长度偏长，个体偏大的叶片（俗称茶壳子）需要切铡，使其变小。切铡的机械有立切机和滚切机，立切机的原理同于切烟丝机，切茶时的故障率很高，现在的切铡多用滚动式切茶机。

干燥：经过筛分、风选、切铡后的原料茶在外形、净度、匀度上都符合要求以后，就要用干燥的方式来调整其含水量，将含水量控制在做庄茶为11%~13%，绿茶为10%左右。通过干燥还可以去掉初制、贮存和运输中吸附的很多异味，并能提高茶叶的香气。

停仓：原料在干燥以后一般要存放至少7天以上，这个过程叫停仓。如果不停仓就直接进行拼配、舂包，俗称“爆火茶”，这种做法在秋冬季时，半成品和成品特别容易发霉，而且带有烟焦味。停仓的要求条件是干燥通风，不受污染的地方。

### 2. 拼配

拼配又叫配仓、关堆。拼配前要先抽取加工整理好的各种原料的样品，按通常的配料比例配制出小样，制成成品，将这些成品小样与标准样进行对照审评和检验，根据审评和检验的结果对拼配比例进行调整，再将调整后的拼配比例书面通知生产车间配大仓。

现在很多厂为了适应市场的需求，在提高金尖茶和康砖茶拼配原料质量的基础上生产出“精制金尖茶”和“精制康砖茶”。生产车间根据下达的原料拼配比例，结合拼配的总重量，计算出各原料所需的数量，并逐一过秤倒堆。倒堆的技术要求是：一要分层倒，每种原料要分2~3层摊铺；二是每层的厚度要均匀，摊铺面平整；三是个体大的摊下层而个体小的摊上层。配仓的堆子要四周平整，侧面的层次清晰、均匀，不得有断层。拼配以后的茶堆经过检验部门检验，测定其含水量、含梗量、杂质含量等各种指标都合格以后才能将茶堆拌和均匀。如果有指标不合格，还要进行大堆的补救调整，直到合格为止才交付拌和。拌和又叫“拉仓”，拌和时不能从上往下挖，而是从下往上均匀地挖才能保证拌和均匀，在充分拌和均匀以后才能交给打吊工序。

3. 压制

南路边茶的压制成型在过去都是用手工舂包的方法，现在的加工中康砖茶和金尖茶仍然沿用舂包工艺，但改为了机械舂包。毛尖茶和芽细茶则改为用电动螺旋压力机压制。

边茶成条机（陈盛相 摄）

康砖茶和金尖茶的舂包：该工序的作用是使茶砖成型，并定型下来，它包括了称茶、蒸茶、安篼子、撒面茶、倒茶、舂紧、安页子、封口、出包、码包、存放等工艺流程。

称茶：又叫“打吊”，是用秤按付料重量要求称取配仓料的重量，以达到控制茶砖重量的目的。

藏茶生产过程—蒸茶（陈盛相 摄）

蒸茶：现在的蒸茶方式采用自动蒸茶箱和用蒸茶斗在蒸茶气口直接蒸制两种。蒸茶要达到既使茶叶升温，又要让茶叶吸收一定的水分而软化，茶叶温度的高低和含水量的多少是通过调整蒸茶的时间、蒸气压力和蒸气流量来控制。

藏茶生产过程—安篼子（陈盛相 摄）

安篼子：将茶篼子放入舂茶的模具（俗称架盒子）内，篼底离架盒子底部15厘米左右，靠舂头（俗称舂棒）下舂时将其带到底部。篼子的位置要和模具一致，茶统子内不得有杂物和倒欠篾，篼子过长部分要截去。

藏茶生产过程—倒茶压制（陈盛相 摄）

倒茶：安放好篼子以后，在篼口放上铁皮做的圆台形的护茶罩，康砖茶每甑的茶少可不用护茶罩，然后用软口撮箕将蒸好的热茶从蒸箱内取出，立即倒入茶篼内（在荥经是把蒸茶斗内已蒸好的茶叶倒入茶篼内）。由于倒茶是在机器一边舂包的同时一边倒茶，要求操作熟练，动作快而准，不能倒洒了茶，金尖茶要分几次倒完，康砖茶则要一次倒完。

洒面茶：洒面茶是舂包时将嫩度、净度、色泽较好的原料茶洒在茶砖的上下两端，使茶砖看起来更美观。一般情况下，倒茶手洒砖下面，安页子洒砖上面。洒面的技巧是：一要重量准，康砖茶要求是上三（三钱，15克）、下二（二钱，10克），金尖茶为上下各五钱（25克），误差不能过大；二是要洒得准，不能洒到茶篼以外；三是要洒匀，洒面茶不能直接丢入茶篼内的茶砖表面，而是要洒在茶篼子的内壁上反弹到茶砖的表面，这样一来洒面茶才能盖住里茶。

安页子：安页子的目的是把茶砖与茶砖隔开，页子的安放要用“度签”扎住页子，平放入正在舂包的茶篼子内，也有直接丢入茶篼的。安页子的动作要快，不能影响倒茶；还要安放准确，不能出现偏差，产生“飞页”，“飞页”会使茶砖的表面不整齐，上下茶砖不分离，产生次品。

舂紧：南路边茶的舂包既要让茶砖成型，还要控制茶砖的松紧度。而要控制茶砖的松紧度，主要是控制好茶包的长度和重量。为了使茶包的松紧度符合要求，根据茶叶的嫩度、含梗量、含水量、温度等因素，易成型的金尖茶配仓料舂18~22棒即可，不易成型的舂22~26棒；康砖茶同样道理，前10~15砖，每砖舂1~2棒，后5~10砖每砖舂2~3棒，加上护口茶要舂40~43棒，难舂紧的原料茶要舂55~60棒。舂包的前半包棒数少是因为，舂包机在舂前半包时舂棒的行程长，舂力大；舂后半包的行程较短，舂力较小，所需的棒数就多。

藏茶生产过程—安页子（陈盛相 摄）

封口：在舂完正茶砖后，加好护口茶舂紧，拍打掉篼口的散茶，将篼子口按“八”字形挽好，用“U”形竹（铁）签钉紧，防止茶叶反弹。

藏茶生产过程—舂包（陈盛相 摄）

出包和码包：将舂好的茶包（通常称为半成品）从模具中取出叫出包。将半成品放到通风、干燥的地方码成3~4包一层，高25层的茶垛叫码包，码包要按舂包的时间分别码放，包与包和垛与垛之间要留有间隙，茶垛上标明舂包的日期。

藏茶生产过程—码包（陈盛相 摄）

存放：半成品的存放目的是让其充分冷却；茶砖定型下来，不再反弹；散失2%~3%的水分；让茶砖进行后发酵，使香气更纯正，滋味更醇和。存放时间一般为7~10天，如果含水量不能降低到符合包装标准的要求，就得延长存放时间。在秋冬季，水分散失较慢，可用风扇吹，加快空气流动，带走水分，也可用太阳晒来散失水分。当金尖茶半成品的含水量在16.5%以下、康砖茶的含水量在16%以下时就可以进入包装工序。

4. 包装

茶叶的包装是加工的最后一个工序，虽然对茶叶的内在质量不产生直接的影响，但是对保证茶叶的重量以及在以后的贮存、运输和销售中不变质是非常重要的。

进入包装工序以前，先要由质量检验部门对半成品进行检验，这时的主要检验项目是含水量，是否降低到包装标准以内，水分超标是不能进行包装的，同时还为包装计量提供数据；其次是对茶砖的外形、重量误差、色泽和净度等质量指标进行检验。不合格的进行补救或返工。

南路边茶的包装分为两类，一类是传统的普通包装，用于普通康砖茶、金尖茶和金仓茶等的包装。在包装材料上，内包装用黄纸，口甑黄纸外包牛皮纸，外包装用篾篼子，再用篾条捆扎紧。包装后的成品规格为金尖茶包长100厘米、宽17.8厘米、厚10.5厘米，重量（毛重）约10.6公斤；康砖茶长96厘米、宽16厘米、厚9厘米，重约10.8公斤。由于成长条形，被称为“茶条”或“条包”。金尖茶也有过篾篼或麻布包装成的重量为30公斤的大包。这类包装的优点是透气性好，利于降低含水量，包装成本低，对环境污染小；缺点是防潮和防污染能力差。

另一类包装是用于毛尖茶、芽细茶、精制金尖茶和精制康砖茶的包装，材料为内包装用黄纸，销售包装为纸盒，运输包装为瓦楞纸箱，箱内衬塑料袋。这种包装的密封性好，防潮、防污染的能力强，但成本高，对环境的污染较大。

以下主要着重介绍康砖茶和金尖茶的传统包装方法。

传统的康砖茶和金尖茶的包装方法：经检验合格的半成品就可以包装，具体的操作如下。

倒包：取来半成品，取下封口的“U”形钉，将茶砖从茶篼内倒出，整齐地堆放在包装案桌上。

取页子：去掉封口茶，挑出每砖间的页子，注意不能把砖面挑破。去掉起层脱面的、外形不规则的、无洒面茶的、杂质多的、霉变的、砖形松散的茶砖和封口茶。

过秤：根据质量检验部门检测后通知的含水量，按各种茶的标准计重含水量算出该批茶的计重重量。根据计重重量在秤上固定游码，对每一砖茶进行称量。

藏茶生产过程—包装（陈盛相 摄）

藏茶产品（左：传统包装；右：内销产品包装）（陈盛相 摄）

包黄纸：康砖茶为每一砖茶包一张小黄纸，每砖茶放一张商标，商标上有食品标签，每五砖包一张大黄纸，靠茶篼口的五砖再包一张牛皮纸。金尖茶为每砖包一张大黄纸，每砖一张商标，口甑黄纸外包牛皮纸。牛皮纸上有出厂合格证印章，上标明厂名、厂址、生产日期、检验合格等字样。包黄纸的技术要求为纸不破，不漏放商标，不露茶，不飞纸，甑口座紧。

套篼子：将包好纸，座紧的茶砖捆上一道篼内千斤篾，将其固定。再将倒包以后的茶篼截去过长的部分，用少量的水将篼口篾条浸润，使其变软变直后，再将其晾干，不能装湿篼子，然后把茶砖装进篼内，倒过来摧紧，交给捆包工。

捆包：又叫编包。编包的第一步要三把摧紧茶篼后挽紧篼口，如果茶篼子没摧紧，捆出的茶包子松泡，发软，不便于装车和运输。第二步是处理好封口，使封口处整齐，不出现暴毛篾。第三步是穿好锁口篾，拉紧并藏好篾头。第四步是捆紧两道外千斤篾，将篾头扭紧，穿入包中藏起来。第五步是用穿套法（俗称“狗牙套”）横捆五道腰篾，五道腰篾的间隔距离为康砖茶7、14、14、27、24厘米，金尖茶为7、13、23、23、27厘米，腰篾也一定要拉紧，把头子穿入篼内，截断外露部分。编好的茶包外观光滑整齐，不松泡，无篾头外露，不露黄纸，更不能露茶；竖立时不弯曲；从四米高的地方抛下不松散，不断篾。

包装好的茶包经过质量检验部门进行全面检验，作出感官审评结论，以及理化指标的测定。检验合格的产品才能入成品仓库，贴上检验合格的标签，填写出厂合格证书以后予以销售。

藏茶生产过程—捆包（陈盛相 摄）

生产完成后入库的藏茶（陈盛相 摄）

## 四、藏茶罐体式渥堆发酵创新工艺

雅安藏茶是四川边茶中的名优黑茶，是四川黑茶的杰出代表，占四川黑茶产量的80%以上，在四川黑茶产业的地位举足轻重。现下藏茶加工大多沿用传统渥堆工艺，即自然渥堆和加温保湿渥堆。茶坯的水分、温度和相对湿度、微生物等较难控制，以致产品品质波动较大。因此采用设备渥堆以保证藏茶的品质至关重要。在普洱茶渥堆工艺中，国内学者研发了有自动潮水、保温保湿发酵、翻堆功能的双层保湿转动式普洱茶发酵罐，按30%的潮水比例发酵20天即可出罐且品质在一定程度上优于传统发酵，减少了制茶损耗，提高了制茶率，降低了生产成本，提高了普洱茶生产效率和效益。

四川藏茶工程技术研究中心执行主任、四川农业大学茶学系教授何春雷吸收借鉴普洱茶设备优点，设计了一种藏茶卧式发酵机。发酵机集送料、发水、渥堆、自动翻堆、温湿度智能调控等功能于一身，可完成输送、汽蒸、发水、渥堆、翻堆，能实现黑茶机械化、清洁化的渥堆要求，从输料到出堆整个过程都由专业设备作业，基于此并进行试验研究，同时获得了藏茶卧式发酵机的工艺参数，为藏茶清洁化生产提供了理论依据和宝贵的技术参考。

笔者和所指导的研究生与企业负责人探讨创新工艺对藏茶品质的影响

## （一）藏茶卧式发酵机结构和工作原理

藏茶卧式发酵机由罐体、搅拌装置、输送装置和控制系统四部分组成。罐体包括进茶口、罐身、封头、观察口等；搅拌装置包括搅拌轴、搅拌叶片、电机等；输送装置包括电机、匀叶器、壳体、螺旋叶片、螺旋轴等；控制系统包括触摸屏、加热模块、控湿模块、通风模块等。

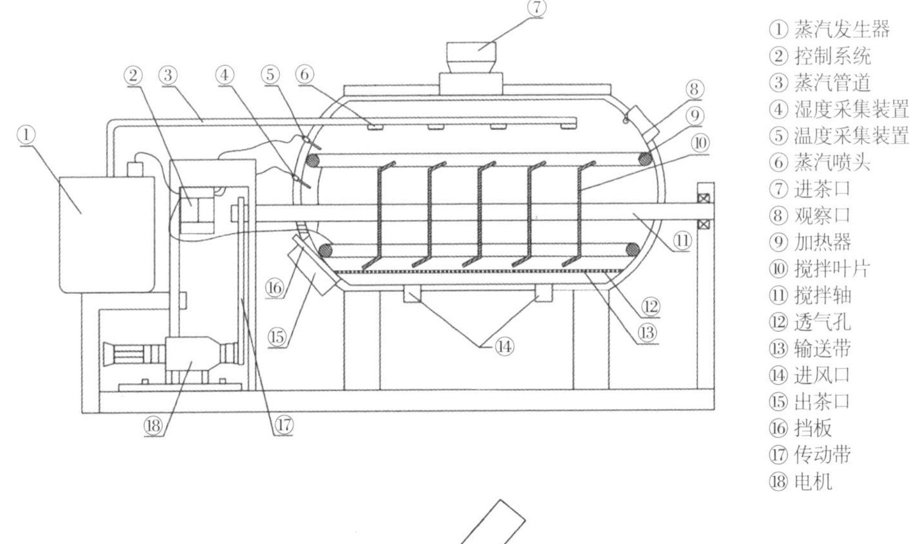


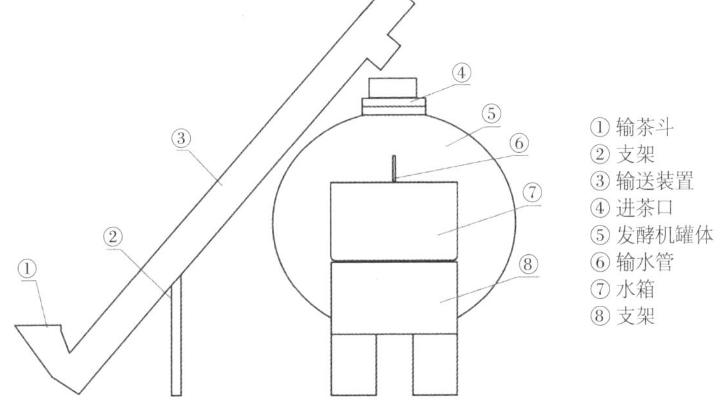


藏茶卧式发酵机的结构（谈峰 绘）

工作时，绿毛茶由输送装置从进茶口送入罐体内，搅拌轴旋转，打散绿毛茶；温湿度控制系统启动，蒸汽发生器向罐体内喷洒蒸汽提高茶堆的温度和相对湿度，当温度和相对湿度达到预设值时，控制蒸汽发生器会停止喷洒蒸汽，由温度采集装置及时显示；若低于设定值，会进行升温提示，若高于设定值，会反馈至控制系统，通过喷头喷水或开启送风口和封头为罐内降温、排湿。进风口装有调节器，可调节进风速度和供氧，保证渥堆发酵所需的温度和相对湿度。罐内茶坯含水量采用水分快速测定仪检测。罐内密闭性较好，渥堆只需人工辅助观察渥堆叶状况即可。搅拌叶片连续带动茶堆翻转，至适宜渥堆时间后，人工辅助打开出茶口，搅拌叶片打散和匀推茶堆，罐体底部的输送带匀速完成出堆，完成渥堆发酵。

## （二）主要部件的设计

### 1. 罐体和搅拌装置

以机械设计手册和茶叶加工工程为指导，参考普洱茶发酵罐和红茶发酵装置设计理念，结合藏茶渥堆工艺要求，设计罐体和搅拌装置。罐体采用符合食品安全规定的不锈钢材质，耐用轻便无污染，能起到控温、保湿的作用，罐体设有观察口，用于观察茶堆渥堆状态，进茶口和出茶口分别位于罐体正上方和左下侧。发酵机罐体为圆筒状，内外罐体间设有夹层，可控温保湿。罐体设计内径1900mm、长3900mm，其容积的1/2（5.5m$^3$）作为工作容积，以满足渥堆时80～100cm的茶堆高度、装罐容量300~600kg的要求。在普洱茶自动发酵过程中，考虑到茶叶在发酵罐发酵过程中的翻转调速，控制在10~30r/min左右，结合实际渥堆实践，将罐体转速设为15r/min。四川黑茶渥堆过程中茶堆温度维持在45℃~71℃，故设定工作温度范围为20℃~100℃。发酵机整体尺寸（长×宽×高）4240mm×2300mm×3170mm。

搅拌装置横向设置于罐体内，搅拌装置包括搅拌轴和套装在搅拌轴外表面且沿其轴向间隔设置的搅拌叶片，搅拌轴穿过罐体侧壁，其一端穿过安装在支架上的轴承，另一端与机械传动机构连接。搅拌叶片的截面形状为开放式的三折线，三折线的中间线段垂直于搅拌轴的轴线，三折线两端的线段分别向相反的方向折叠且平行。旋转的搅拌叶片可以在茶堆发酵时用于翻堆，在出料时匀推和打散茶堆，使渥堆叶充分与气流接触，保证渥堆叶含水量和通氧量均匀分布。

### 2. 输送装置

输送装置长4800mm，壳体直径600mm，搅拌轴直径75mm，搅拌轴和搅拌叶片内部均为空心结构且互相连通。壳体内侧设计并焊接上间距相等方向不同的直径为4~6mm喷头，使高温蒸汽、水分能喷洒到绿毛茶中，提高其温度和相对湿度。输送装置主要由转轴、壳体、螺旋叶片、雾化喷头、蒸汽喷头等构成，该装置集发水、汽蒸、输送于一体，为绿毛茶渥堆提供适宜且更加均匀的渥堆温湿度，能够进一步提高改善藏茶的生产效率和产品品质。输送装置通电工作，蒸汽发生器开始预热，打开蒸汽阀门，通过安全阀和压力表确定蒸汽的压力。水箱中装入食用水，打开控水阀门，通过流量计测量和水泵的调节控制流速和发水量。绿毛茶从进茶口加入，跟随螺旋叶片移动，先经过蒸汽喷头所在区域，进入输送机内腔中的高温蒸汽（130℃~150℃）对通过的绿毛茶进行汽蒸；提升绿毛茶温度和相对湿度并软化条索，此时绿毛茶含水量达20%左右，绿毛茶经过雾化喷头所在区域，经雾化后的水雾对绿毛茶进行轻度的发水，而后绿毛茶被输送至出茶口，以重力方式进入罐内进行渥堆发酵，如图所示。

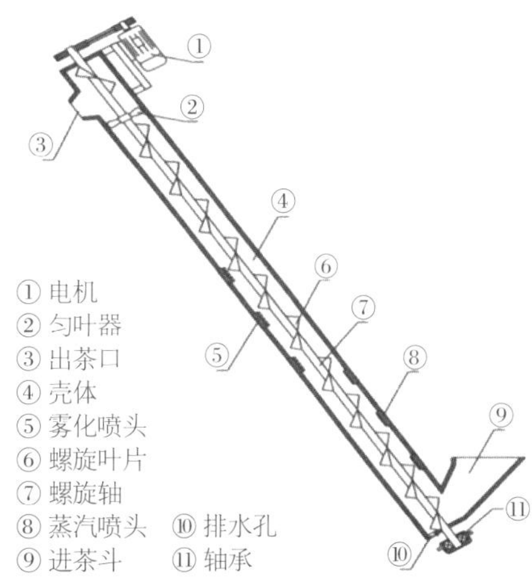

藏茶卧式发酵机输送装置（谈峰 绘）

3. 控制系统

藏茶渥堆对环境的要求较严格，可通过控制温度、时间、茶坯含水量三个可控因素来确保渥堆的正常进行及藏茶的渥堆质量。采用PLC（Programmable Logic Controller，可编程逻辑控制器）控制作为主控，翻堆装置、加热模块、控湿模块及通风模块等构成控制系统，可同时实现藏茶在渥堆过程中的定期翻堆、控温、控湿、通风、数据采集、数据存储。设计的发酵机通过观察窗口对渥堆状态进行实时监控，并由PLC触摸屏对渥堆参数进行调节。其中，温湿度控制系统可完成罐体内温湿度信息的收集、显示及调控，温度的分辨率为0.1℃，相对湿度分辨率为3%。该控制系统的控制器可实现手动控制和自动控制。

## （三）设备渥堆与传统渥堆藏茶品质的比较

以获得的最佳工艺参数进行藏茶设备渥堆，以传统渥堆为对照，比较二者的品质差异。设备渥堆过程中，罐内茶堆温湿度上升较快，且处于动态慢速发酵状态，故勿需翻堆。传统渥堆翻堆间隔为6天，翻堆4次，30天出堆。渥堆结束后取出堆茶样进行化学成分测定，试验结果如下表。

相同原料按不同渥堆方式生产出的藏茶品质成分差异

| 渥堆方式 | 水浸出物/% | 茶多酚/% | 氨基酸/% | 咖啡碱/% | 可溶性糖/% | 儿茶素（$mg \cdot g^{-1}$） | 茶褐素/% | 叶绿素/% |
|---|---|---|---|---|---|---|---|---|
| 设备渥堆 | 38.14±0.47 | 8.06±0.18 | 1.61±0.00 | 2.34±0.06 | 3.90±0.03 | 25.61±0.38 | 2.32±0.07 | 0.18±0.014 |
| 传统渥堆 | 37.73±0.48 | 5.47±0.15 | 1.35±0.02 | 2.53±0.06 | 3.85±0.13 | 18.56±0.004 | 3.52±0.13 | 0.20±0.008 |

设备渥堆与传统渥堆对比，藏茶儿茶素、茶褐素、叶绿素减少，可溶性糖、咖啡碱相对稳定，水浸出物升高。两种方法渥堆的藏茶品质相近，表明利用管式发酵机进行渥堆，渥堆时间大大缩短。

相同原料按不同渥堆方式生产出的藏茶感官评分的差异

| 渥堆工艺 | 外形（20%） | 汤色（15%） | 香气（25%） | 滋味（30%） | 叶底（10%） | 得分 |
|---|---|---|---|---|---|---|
| 设备渥堆 | 粗实棕褐较润<br>17.40±0.07 | 橙红明亮<br>14.20±0.08 | 陈香浓郁<br>23.92±0.30 | 醇和回甘<br>28.50±0.17 | 棕褐较匀<br>8.93±0.09 | 92.95±0.18 |
| 传统渥堆 | 重实黑褐较润<br>18.20±0.20 | 橙红较亮<br>13.85±0.09 | 陈香较纯正<br>23.17±0.14 | 醇和<br>27.30±0.30 | 黑褐较匀<br>9.23±0.06 | 91.75±0.13 |

设备渥堆藏茶与传统渥堆藏茶品质无明显差异，设备渥堆的藏茶汤色橙红明亮、滋味醇和回甘、香气陈浓。感官评分达92.95分，汤色、香气、滋味得分均高于传统渥堆工艺的藏茶。

笔者在考察通过创新工艺生产出的藏茶砖（赵以桥 摄）

# 第五篇

## 产品——藏茶产品及藏茶生产企业历史沿革

在漫长的历史长河中，藏茶，都是执政者维护边疆稳定的重要物资。在悠悠的茶马古道上，在这样或那样的茶税、茶政制度下，一代代背夫依靠着双手和双脚，将产于雅州的茶叶送至藏民同胞的手中。藏茶（原多称边茶），应该有两个层面上的含义。一个是广义的，一个是狭义的。广义的藏茶，是指藏区民众历史上乃至现在饮用的茶。狭义的藏茶，是指藏区民众自吐蕃时代以来传承至今、一直饮用的、以雅安为制造中心的、原料中含有雅安本山茶(小叶种茶)的砖茶。狭义的藏茶则是本书所讨论的。因为它至今仍在藏区流行，且仍在雅安市的各边茶企业生产。藏茶产品的生产加工以及生产企业的发展与演变，不仅深刻地体现了汉藏同胞之间斩不断的浓浓深情，也体现了藏茶在历史长河中为民族团结所做出的重要贡献。

# 一、藏茶品种与商标

## （一）南路边茶

南路边茶是四川边茶的大宗产品，以较粗老的鲜枝叶所制的毛茶压制而成。南路边茶鲜叶粗老并包含部分茶梗，须经过较复杂的制作过程才能使有效化学成分较充分的转化，便于熬煮和饮用。依鲜叶加工方法不同，可把毛茶分为两种：鲜叶采割下来，杀青后未经蒸揉而直接干燥的，称“毛庄茶”（亦叫“金玉茶”）；鲜叶采割下来，杀青后还要经过较复杂的蒸揉及渥堆做色过程后，始行干燥的，称“做庄茶”。由于“毛庄茶”制法简单，品质较差，在蒸压前均要进行加工以利物质转化，茶区推广“做庄茶”而逐步淘汰“毛庄茶”。

最早，茶叶生产中没有边销茶和内销茶之分。

到了宋朝，边销茶通常用较粗老的原料生产的既能内销又能边销的茶作为边茶，有时也把细嫩的内销茶作为边茶销用。宋神宗熙宁至元丰年间，蜀茶博马皆用粗茶。孝宗赵昚（shèn）乾道末年（公元1173年），始以广汉的赵坡、合州的水南、峨眉的白芽、雅安的蒙顶等细茶博马。

明朝以后，多用粗老叶做边茶。“碉门、永宁、筠连所产剪刀篾叶，惟西番用之”（《明史，食货志》）。自此形成了四川的黑茶、黄茶蒸压成长方形篾包的边销茶，每篾包茶重7斤。

清朝时期，南路边茶分为二等六级。毛尖茶、芽细茶、康砖茶为上等（习称细茶），金尖茶、金玉茶、金仓茶（荥经称红茶）为下等（习称粗茶）。品质依顺序而降低。另有天全县生产的一种叶粗梗多、内掺桦漆叶，专销道孚、日巴一带的“小路茶”（茶引称“土引”，此茶习称假茶）。上等茶既作边销，又作内销用，而下等茶仅作边销用。毛尖茶、芽细茶用细毛茶配制而成。康砖茶用细毛茶洒面，内层为条茶、粗茶。金尖茶、金玉茶、金仓茶均用粗茶、茶梗、茶末等配制而成。

**芽细：**每包16斤，品质最佳，行销拉萨，一般为贵族、大喇嘛采购饮用。

**砖茶：**每包16斤，每斤做成砖形，品质次于芽细，行销康藏各地。

**金尖：**每包4甑，共重18斤。品质较于康砖低，价格亦较低，行销康藏各地。

**金玉：**每包18斤，粗细掺和，行销关外各县（以甘孜为中心，运销金沙江以东及青海玉树地区；以理塘为中心，运销康南一带；以昌都为枢纽，运销金沙江西岸各地，为西路；西藏市场）。

**小路茶：**天全产，全部以粗叶制成，价值次于金玉，牛场牧民多饮此茶。

**红茶：**荥经产，粗叶制成。价值较小路茶为高，亦销牛场。

**散茶：**各县均产，价无一定标准，零整均售，行销各地。

南路边茶最开始由于受到资金、设备等条件的限制，没有原料库存，加工的品种是根据收购的原料状况来划分的。春分前后生产的绿茶原料细嫩，则加工为毛尖茶；清明前后的原料也较为细嫩，就加工成芽细茶；谷雨以后的中低档绿茶则加工为砖茶；立夏前后的原料粗老，用以加工金尖茶；芒种前后生长的粗老叶和茶梗用以加工成金玉茶；夏至以后的原料加工成毛穰茶。后来由于加工厂规模的扩大，有足够的资金和场地设备以后，加工的品种就不再受季节的限制了，但仍然保留了二等六级的质量生产标准。

民国时期，南路边茶质量普遍降低，金仓茶的原料加工金玉茶，金玉茶的原料加工金尖茶，依次类推。

抗日战争后到新中国成立前夕，国内局势动荡，南路边茶的加工普遍存在粗制滥造的现象，金尖茶的品质只及抗战前的金玉茶。金玉茶、金仓茶则相继停产，只保留了毛尖茶、芽细茶和金尖茶。之后，毛尖茶于1953年停止生产，芽细茶于1966年停止生产（1987年以后雅安茶厂恢复了毛尖茶和芽细茶的生产）。至此，南路边茶由原来二等六级简化为只有康砖茶、金尖茶两个品种。

**康砖：**圆角长方体，长160mm×宽90mm×高60mm，重量为500g。外形砖面平整紧实，洒面明显，色泽棕褐；内质香气纯正，汤色红褐尚明，滋味尚浓醇，叶底棕褐稍花。

藏茶生产企业产品展示大厅（黄嘉诚 摄）

**金尖：**圆角长方体，长220mm×宽180mm×高110mm，重量为2500g。外形紧实无脱层，色泽棕褐；

内质香气纯正，汤色黄红，滋味醇和，叶底暗褐粗老。

宋朝以前，茶叶的制作是做成饼茶。到了明朝以后，朝廷下令禁止生产饼茶，全部改为散茶生产。但是由于边销茶的运输距离遥远，以及散茶的运输和贮存都十分困难，容易散失、吸潮和霉变。为了解决边销茶的运输和贮存问题，从明代以后，在四川就开始用晒青茶蒸压成篾茶以供边销，每七斤蒸压一篾。

清初，金尖茶、金玉茶每包四甑，每甑六斤四两，每包净重25斤。清中叶改为每甑五斤，每包净重20斤。清末至民国，毛尖茶、芽细茶、康砖茶每包16砖，每包净重16斤；金尖茶、金玉茶每包四甑，每甑四斤半，每包净重18斤。1939年“康藏茶业股份有限公司”成立后，改毛尖茶、芽细茶、康砖茶为每砖一斤二两，每包净重18斤，并在各种茶条包上下底部各垫茶一小包（16进位制一两），每包茶实际净重为18.125斤。头、底各垫的一小包茶，在运输途中起保护正茶作用，茶包运达康定改换牛皮包装时由改包工人饮用。此种规格沿用至1965年。

南路边茶运往打箭炉（今康定）销给藏商后，为便于马牛的驮运，藏商通常需雇佣“贾卓娃”（缝茶工）用牛皮将茶叶重新打包缝制，称为“改包”，即将一条茶从中对开，平分成两段，三条茶包用牛皮包成一大包，牛皮绳固定。若运输路途短就缝“花包”，若运至西藏则需缝“满包”，一是防备途中损坏，二是便于驮运。每驮6包茶。茶包需要从中对开，然后折叠打包。全部包住的叫“满包”，仅包两端的叫“花包”。

1966年改康砖茶为每包20砖，每砖一斤，每包净重20市斤；金尖茶为每包四甑，每甑五斤，每包净重20市斤。

南路边茶历来用长条篾蔸作外包装，称条包。规格标准：康砖茶长度2.8市尺，宽度0.48市尺，厚度0.28市尺；金尖茶长度3市尺，宽度0.54市尺，厚度0.32市尺。1966年以前允许正负差3%，1979年以后允许正负差5%。

南路边茶内包装用黄纸包裹。康砖茶除每砖包纸一张外，每五砖再用大纸一张包封（包口五砖加牛皮纸一张封包），四封合为一条包。金尖茶每甑包纸一张，口甑加包牛皮纸一张，以防散漏。无论康砖茶或金尖茶，均用千斤篾捆紧内包，后始装入茶蔸内，搂紧蔸口，竖捆两道千斤篾，排匀捆紧，加横篾五道，用穿套法（狗牙套）（康砖茶按2、4、6、6、8、2市寸，金尖按2、4、7、7、8、2市寸）距离排列，用力拉紧横套，并将余篾用篾针反复引穿蔸篾内，使其结实穿稳。

南路边茶使用商标始于清初，各茶商害怕包装相同导致混淆，设计印制了各种天地、鸟兽、人物形象在外包装上，然后渐渐地演变成放在包装纸里面。“各茶商恐包同易混，又各编画天地鸟兽人物形制，上画番字以为票号”。各茶号均有自己的藏文商标。孚和茶号商标，上画佛像；聚成茶号商标，上画聚宝盆；义兴茶号商标画双龙；西康企业公司商标，画寿星；西远茶号商标，画飞马；康藏公司商标，画宝焰。这些商标的含义都与汉藏的传统文化和佛教文化相关。在藏区影响较大的品牌有“日月宝牌”、“狮子牌”、“座佛爷牌”等。各个茶号的商标都是用木板雕刻成印版，自己印刷。

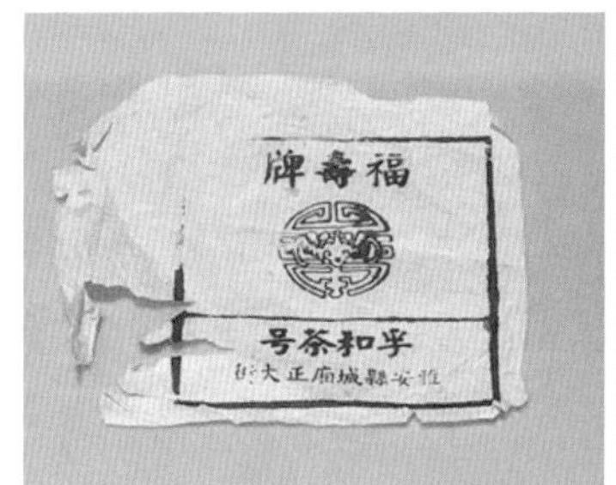

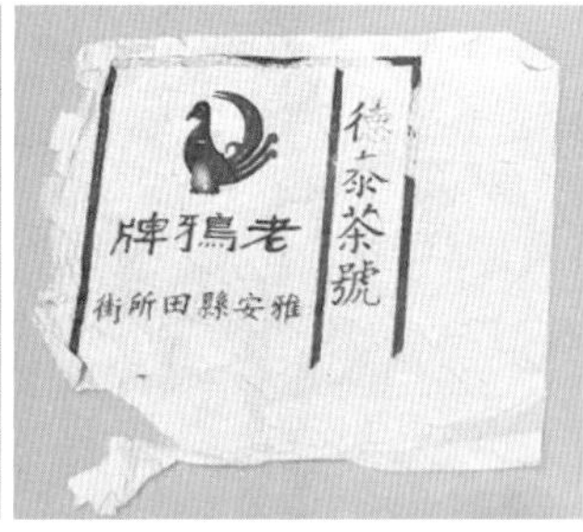

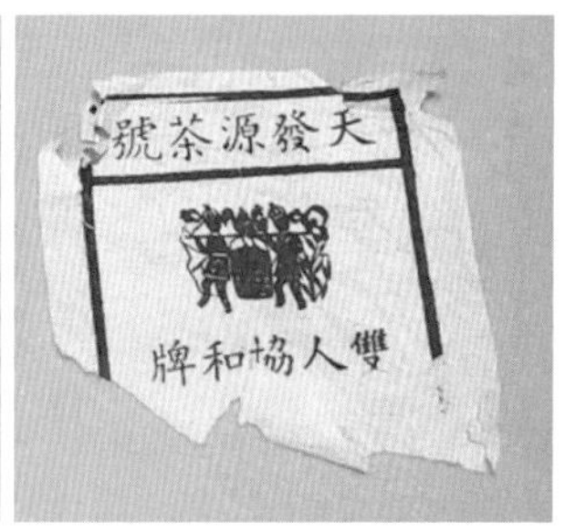


早期茶叶公司所使用的商标（胥伟 摄）

1950年中国茶业公司西康省公司继续使用原中国茶叶公司的“柯罗牌”商标。一直到20世纪60年代，“民族团结牌”商标代替了“柯罗牌”商标，“民族团结牌”在藏区有很高的信誉。后来，四川省茶叶进出口公司对“民族团结牌”进行了商标注册。但是由于四川省茶叶进出口公司注册以后不仅用于南路边茶，也用于西路边茶，而且还将使用权转让给贵州的桐梓茶厂，总共有20多家边茶加工企业使用该商标，其中不乏一些技术力量薄弱、产品质量低劣的加工企业。这一举动，不仅影响了“民族团结牌”的信誉，也对雅安的边销茶声誉造成了损害。

民国柯罗茶（胥伟 摄）

2002年以后，随着边茶销售市场的变化，边茶品种除了传统的康砖、金尖两个品种此外，边茶加工厂家在产品上有所创新：一是原料不是以前的粗枝老叶，而是绿苔、绿梗、条索茶和四、五级绿毛茶的原料制作边茶，可降低氟的含量，减轻氟对人体的危害；二是研制了低氟藏茶（边茶）、速溶藏茶，提倡边茶内销、汉藏共饮。

## （二）西路边茶

西路边茶简称西边茶，系四川都江堰（原灌县）、北川一带生产的边销茶，用篾包包装，分为茯砖和方包茶。西边茶原料比南边茶更为粗老，以采割1~2年生枝条为原料，是一种最粗老的茶叶。产区大都实行粗细兼采制度，一般在春茶采摘一次细茶之后，再采割边茶。有的一年刈割一次边茶，称为“单季刀”，边茶产量高，质量也好，但细茶产量较低。有的两年采割一次边茶，称为“双季刀”，有利于粗细茶兼收，但边茶质量较低。有的隔几年采割一次边茶，称为“多季刀”，茶枝粗老，杀青后晒干即可，质量差，不能适应产销要求。西路边茶毛茶色泽枯黄，是压制茯砖和方包茶的原料。

茯砖：砖形完整，松紧适度，黄褐显金花；内质香气纯正，汤色红亮，滋味醇和，叶底棕褐。

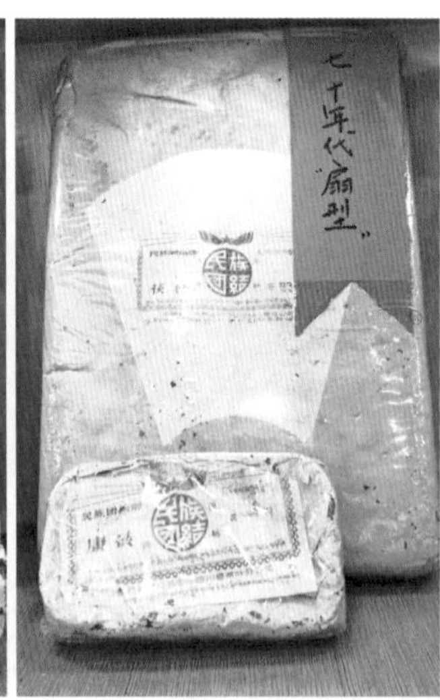

不同时期茯砖茶产品（左：60年代白票茯砖；中：70年代白票茯砖；右：新制茯砖茶焖泡后的汤色）（胥伟 摄）

方包茶：方包茶产于四川灌县，是西路边茶的一个主要花色品种，因将原料茶筑压在方形篾包而得名，茶形方正，四角稍紧。其品质特点为色泽黄褐，稍带烟焦气，老茶滋味醇和，香气纯正，汤色红黄，新茶滋味平和带粗，叶底黄褐多梗。

都江堰（原灌县）所产的为长方形包，称方包茶；北川所产的为圆形包，称圆包茶。现圆包茶已停产，改按方包茶规格加工。方包茶是以筑压在方形篾包中而得名的一种较粗老的蒸压茶，每包重35公斤。历史上，西路边茶分大茶和小茶，均呈方扁形，故又称“桌茶”。大茶一包重120斤，小茶一包重60斤。

## 二、南路边茶产品的质量控制

1952年对外贸易部重庆商品检验局在雅安设立“重庆商品检验局雅邛区茶叶检验组”，驻西康省茶业公司。后改称“重庆商品检验局雅安产地检验组”。对各边茶厂派驻厂检验员进行产品检验。川康并省商检局检验组撤销，各边茶厂设“审评检验室”，自检产品规格质量，实行产品出厂负责制。

茶检组1952年10月对1950年以前生产的金尖茶进行检验，检验结果是：水分19%、灰分9%、梗量14%、杂质1.6%，汤浊、条线少、霉变多，做工粗放。对1952年生产的金尖茶检验结果是：水分15%、灰分7.8%、梗量12%，杂质0.7%，色纯、汤清、有条线、无霉变，做工较细。

1955年7月，重庆商品检验局制定《压制茶检验修订草案》标准如下：

1955年压制茶检验要求

| 品名 | 净重（市斤） | 容许差度 % | 水分 % | 灰分 % | 梗量 % | 杂质 % |
|---|---|---|---|---|---|---|
| 毛尖茶、芽细茶 | 18 | +/–1 | 14.5 | 7.5 | 10 | 2 |
| 康砖茶 | 18 | +/–1 | 16 | 8 | 15 | 2 |
| 金尖茶 | 18 | +/–1 | 16 | 9 | 20 | 2 |

注：净重不含头、底。

1955年9月，中国茶业公司西康省公司《关于南路边茶加工技术规程》规定见下表：

1955年南路边茶加工技术规程

| 品名 | 水分 | | 灰分 | | 梗量 | | 杂质 | |
|---|---|---|---|---|---|---|---|---|
| | 法定 | 加工 | 法定 | 加工 | 法定 | 加工 | 法定 | 加工 |
| 康砖茶 | 16% | 16% | 8% | 7.5% | 15% | 8% | 2% | 1% |
| 金尖茶 | 16% | 16.5% | 9% | 8.5% | 20% | 10%~15% | 2% | 1.5% |

注：成品茶重量标准以法定水分为标准依据。

金尖茶用梗以绿苔、红梗、麻梗为标准，长不超过一市寸。康砖茶用梗以绿苔及细嫩红梗为标准，长不超过五分。金尖、康砖中的枯梗、白梗的含量不得超过2%。

1959年至1961年南路边茶由农村初制，由工厂复制，初制、复制均粗制滥造，边茶品质下降。1962年四川省茶叶加工鉴评会，对南路边茶成分标准规定如下：

1962年南路边茶检验标准

| 品名 | 单位 | 单位重量（市斤） | | | 水分% | | 灰分% | 杂质% | 梗量% | 水浸出物% |
|---|---|---|---|---|---|---|---|---|---|---|
| | | 净重 | 正差 | 负差 | 计量 | 出厂 | | | | |
| 康砖茶 | 包 | 18 | 0.3% | 0.2% | 15.5 | 16 | 7.5 | 0.5 | 6 | 23 |
| 金尖茶 | 包 | 18 | 0.3% | 0.2% | 16 | 16.5 | 8.5 | 1.0 | 10 | 19 |

注：单位重量不包括头、底茶2市两。计量水分即加工付料计算重量的标准。水浸出物限于茶厂厂内自行检验，不做出厂检验标准。

上列南路边茶成分检验标准，1963年取消单位重量允许负差之规定，1964年3月中华人民共和国对外贸易部批准将金尖茶含梗量由10%调为12%。

1966年中国茶叶土产进出口公司批准雅安专区外贸办事处、雅安茶厂改变南路边茶每包单位重量的报告，并规定产品检验标准如下：

1966年南路边茶检验标准

| 品名 | 单位 | 净重（市斤） | 水分% | | 灰分% | 杂质% | 梗量% | 水浸出物% |
|---|---|---|---|---|---|---|---|---|
| | | | 计量 | 出厂 | | | | |
| 芽细茶 | 包 | 20 | 12 | 14.5 | 7 | 0.5 | 5 | 40~44 |
| 康砖茶 | 包 | 20 | 14 | 16 | 7.5 | 0.5 | 8 | 30~34 |
| 金尖茶 | 包 | 20 | 14 | 16.5 | 8.5 | 1.0 | 15 | 20~24 |

注：水浸出物仍为参考指标。

南路边茶感官品质要求

| 品名 | 外形色泽 | 内质 | | | |
|---|---|---|---|---|---|
| | | 香气 | 滋味 | 水色 | 叶底 |
| 芽细茶 | 青黑 | 纯正 | 醇厚 | 深黄明亮 | 尚匀嫩 |
| 康砖茶 | 黄褐 | 纯正 | 醇正 | 黄红明亮 | 黄褐较老 |
| 金尖茶 | 棕褐 | 纯和 | 醇和 | 棕红明亮 | 深褐较老 |

1973年商业部在广西桂林召开全国边茶会议，规定南路边茶检验标准同上。1979年换配南路边茶加工验收标准样，其审评验收质量规格见下表：

内质审评标准

| 审评项目 \ 品名 | 康砖茶 | 金尖茶 |
|---|---|---|
| 外形色泽 | 棕褐紧实略有青片 | 棕褐紧实一致 |
| 香气 | 纯正 | 纯正 |
| 滋味 | 醇正 | 醇和 |
| 水色 | 红浓明亮 | 红黄明亮 |
| 叶底 | 花暗较粗 | 暗褐粗老 |

重量成分检验标准

| 检验项目 \ 品名 | 康砖茶 | 金尖茶 |
|---|---|---|
| 单位重量 | 20市斤 | 20市斤 |
| 计量水分 | 14% | 14% |
| 出厂水分 | 16% | 16.5% |
| 灰分 | 7.5% | 8.5% |
| 梗量 | 8% | 15% |
| 杂质 | 0.5% | 1% |
| 水浸出物 | 30%~34% | 20%~24% |

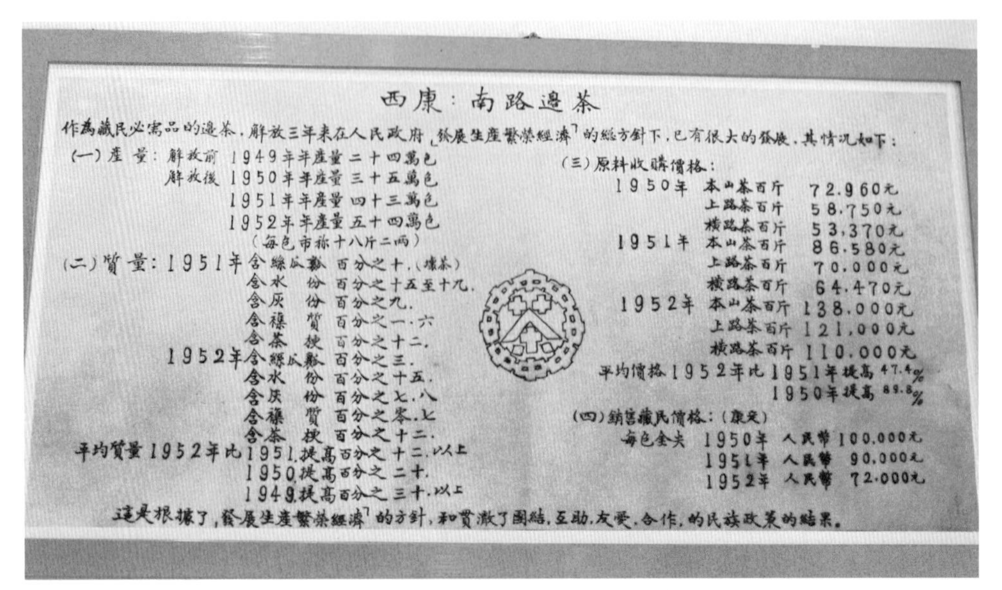

西康：南路邊茶

作為藏民必需品的邊茶，解放三年来在人民政府「發展生產繁榮經濟」的総方針下，已有很大的發展，其情况如下：

(一) 產量：解放前 1949年年產量二十四萬包
解放後 1950年年產量三十五萬包
1951年年產量四十三萬包
1952年年產量五十四萬包
（每包市称十八斤二两）

(二) 質量：1951年含綠灰數百分之十.（壞茶）
含水份百分之十五至十九.
含灰份百分之九.
含襍質百分之一.六
含茶梗百分之十二.
1952年含綠灰數百分之三.
含水份百分之十五.
含灰份百分之七.八
含襍質百分之零.七
含茶梗百分之十二.
平均質量1952年比1951.提高百分之十二.以上
1950.提高百分之二十.
1949.提高百分之三十.以上

(三) 原料收購價格：
1950年 本山茶百斤 72.960元
上路茶百斤 58.750元
横路茶百斤 53.370元
1951年 本山茶百斤 86.580元
上路茶百斤 70.000元
横路茶百斤 64.470元
1952年 本山茶百斤 138.000元
上路茶百斤 121.000元
横路茶百斤 110.000元
平均價格1952年比1951年提高47.4%
1950年提高89.8%

(四) 銷售藏民價格：（康定）
每包金尖 1950年 人民幣 100.000元
1951年 人民幣 90.000元
1952年 人民幣 72.000元

這是根據了「發展生產繁榮經濟」的方針，和貫澈了團結，互助，友愛，合作，的民族政策的結果。

历史上南路边茶产量与质量示意图（陈盛相 摄）

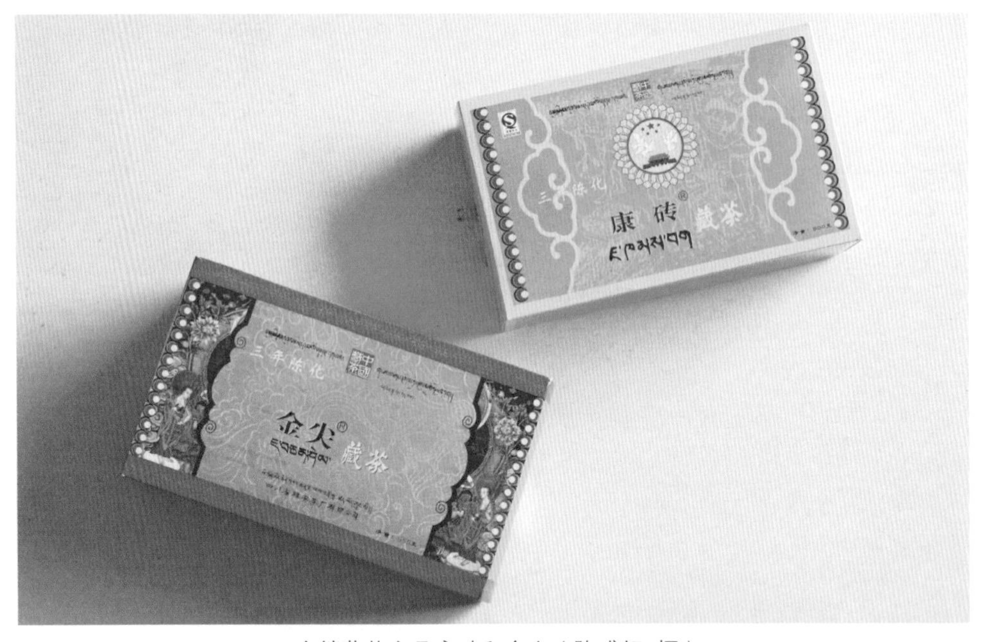


内销藏茶产品康砖和金尖（陈盛相 摄）

国家监督检验检疫总局于2013年7月19日更新发布了（GB/T 9833.4-2013康砖茶和GB/T 9833.7-2013金尖茶）的国家推荐标准，并于同年12月6日开始实施。该标准虽不具有强制执行的法律效力，但大部分藏茶生产厂家会在其产品标识中将该标准列为产品执行标准，该标准的实施对规范市场和指导企业生产具有重要的意义。藏茶消费者可在相关网站下载该标准进行学习，对于自己挑选藏茶大有裨益。

藏茶（康砖茶和金尖茶）感官品质要求

<table>
<tr><th rowspan="2">产品</th><th rowspan="2">等级</th><th colspan="2">要求</th></tr>
<tr><th>外形</th><th>内质</th></tr>
<tr><td rowspan="2">康砖</td><td>特制康砖</td><td>圆角长方体，表面平整紧实，洒面明显，色泽棕褐油润，砖内无黑霉、白霉、青霉等霉菌</td><td>香气纯正、陈香显，汤色红亮，滋味醇厚，叶底棕褐稍花杂、带细梗</td></tr>
<tr><td>普通康砖</td><td>圆角长方体，表面尚平整，洒面尚明显，色泽棕褐，砖内无黑霉、白霉、青霉等霉菌</td><td>香气较纯正，汤色红褐、尚明，滋味醇和，叶底棕褐稍花杂、带梗</td></tr>
<tr><td rowspan="2">金尖</td><td>特制金尖</td><td>圆角长方体，较紧实，无脱层，色泽棕褐尚油润，砖内无黑霉、白霉、青霉等霉菌</td><td>香气纯正、陈香显，汤色红亮，滋味醇正，叶底棕褐花杂，带梗</td></tr>
<tr><td>普通金尖</td><td>圆角长方体，稍紧实，色泽黄褐，砖内无黑霉、白霉、青霉等霉菌</td><td>香气较纯正，汤色红褐、尚明，滋味醇和，叶底棕褐花杂，多梗</td></tr>
</table>

藏茶（康砖茶和金尖茶）理化指标要求

<table>
<tr><th rowspan="2">产品</th><th rowspan="2">等级</th><th colspan="5">项目（质量分数）/%</th></tr>
<tr><th>水分</th><th>总灰分</th><th>茶梗</th><th>非茶夹杂物</th><th>水浸出物</th></tr>
<tr><td rowspan="2">康砖</td><td>特制康砖</td><td rowspan="2">16.0<br>（计重水分 14.0%）</td><td rowspan="2">7.5</td><td>7.0<br>（30mm 以上不超过 1.0）</td><td rowspan="2">0.2</td><td>28.0</td></tr>
<tr><td>普通康砖</td><td>8.0<br>（30mm 以上不超过 1.0）</td><td>26.0</td></tr>
<tr><td rowspan="2">金尖</td><td>特制金尖</td><td rowspan="2">16.0<br>（计重水分 14.0%）</td><td>8.0</td><td>10.0<br>（30mm 以上不超过 1.0）</td><td rowspan="2">0.2</td><td>25.0</td></tr>
<tr><td>普通金尖</td><td>8.5</td><td>15.0<br>（30mm 以上不超过 1.0）</td><td>28.0</td></tr>
</table>

2015年，由中华全国供销合作总社发布的《GH/T 1120-2015雅安藏茶》于2016年6月1日开始实施，该行业标准对紧压藏茶、散藏茶的感官指标和理化指标提出了明确要求。对藏茶产业的发展起到了很好的指导作用。

藏茶感官指标要求（GH/T 1120-2015 雅安藏茶）

| 产品名称 | 等级 | 外形 | 香气 | 滋味 | 汤色 | 叶底 |
| --- | --- | --- | --- | --- | --- | --- |
| 紧压藏茶 | 特级 | 砖面均匀平整、棱角分明、色泽黑褐油润 | 浓、带陈香 | 醇厚 | 红浓明亮 | 褐润、软 |
| | 一级 | 砖面平整较匀、色泽较润 | 高、带陈香 | 醇和 | 红浓明亮 | 褐、较润 |
| | 二级 | 砖面平整尚匀、色泽尚润 | 纯正 | 纯和 | 橙红明亮 | 褐、尚润 |
| 散藏茶 | 特级 | 芽叶匀整、黑褐油润 | 浓、带陈香 | 醇厚 | 红浓明亮 | 芽叶匀整、色棕褐 |
| | 一级 | 紧细匀整、黑褐较润 | 高、带陈香 | 醇和 | 红明亮 | 软、尚亮 |
| | 二级 | 紧结较匀、黑褐尚润 | 纯正 | 纯和 | 橙红明亮 | 尚软 |

藏茶理化指标要求（GH/T 1120-2015 雅安藏茶）

| 产品名称 | 等级 | 水分 % | 总灰分 % | 茶梗 % | 水浸出物 % |
| --- | --- | --- | --- | --- | --- |
| 紧压藏茶 | 特级 | 13.0（计重水分12.0） | 7.0 | 3.0 | 32.0 |
| | 一级 | | 7.5 | 5.0 | 30.0 |
| | 二级 | | 7.5 | 7.0 | 28.0 |
| 散藏茶 | 特级 | 9.0 | 7.0 | 3.0 | 32.0 |
| | 一级 | | 7.5 | 5.0 | 30.0 |
| | 二级 | | 7.5 | 7.0 | 28.0 |
| 袋泡茶 | | 10.0 | 8.0 | 7.0 | 30.0 |

现代藏茶生产企业产品展示大厅（雅安市友谊茶叶有限公司提供）

## 三、藏茶（南路边茶）生产企业的沿革

南路边茶的加工企业的兴起和发展有着十分悠久的历史。

在唐、宋时期，茶叶的生产和加工都是自家小作坊生产，到了明朝才有专门从事南路边茶加工的作坊。明朝嘉靖二十五年（1546年）由陕商在雅安创办的“义兴茶号”，经营边销茶的加工和营销，是迄今为止所知最早的南边茶加工企业。继而又办起了“天兴”、“恒泰”、“聚成”等茶号(店)。

到了清朝，允许民间从事边茶的贸易以后，经营边茶的茶号日益增多，到清末，邛崃、雅安、名山、荥经、天全五县就有茶号200多家。清光绪三十二年（1906年），川滇边务大臣赵尔丰及四川劝业道周孝怀联合名、邛、雅、荥、天五县茶商集资33.5万两银子，在雅成立了官督商办的“边茶股份有限公司”。该公司的成立取缔了分散经营的小茶商，南路边茶的产销由该公司垄断，小茶号成为股东。

辛亥革命爆发后，边茶股份有限公司解体，使很多茶商损失惨重。边茶股份有限公司倒闭后，小茶号又纷纷成立起来，到民国初年，茶号仅恢复到100多家。

民国七年（1918年），茶号减少到80多家。从民国十年（1921年）起，军阀们为了争夺藏区的利益开始征讨藏区，军阀割据，兵祸时起，派捐借款边茶业首当其冲，极大地破坏了汉藏之间的关系。加以照“引”纳税，超额负担，大藏商帮达昌在康定撤号私逃，欠茶商银数万两无着；大金寺也欠茶商数万两。更兼印茶倾销藏地，来康贩茶藏商减少，茶商元气大丧，经营困难，民国二十四年（1935年）减至30余家。

民国二十八年（1939年），西康省正式成立时，官、商合股开办了“康藏茶叶股份有限公司”，资金100万元，原有各茶号资本占80%，总公司设康定，由永昌茶号主要成员任总经理和协理，孚和茶号任经理。下设10个加工企业，其中雅安6个，荥经2个，天全2个。康藏公司全部包销“茶引”，包缴税款，贱买毛茶，统一加工，高价出售成品，其他茶商无法经营。隶于四川的邛崃、名山二县，因边茶运销困难而停制。康藏茶叶股份有限公司的成立，是对南路边茶加工又一次高度垄断。

民国三十年（1941年）康青视察团发表报告：“近因茶价高昂，康藏人民怨恨。又以前川茶入康藏，金及皮毛东逃，熙来攘往，不绝于途。今若不早为改进，深恐印茶输入，金毛外运，而来往断绝，感情日乖，或与内地脱离关系，而有碍领土的完整。”川康建设视察团亦公开指责康藏公司：“不重信义，参杂混假所在多有。”

1942年民国政府财政部贸易委员会所属中国茶叶公司来雅安设立分公司，拟在雅安设厂制作边茶，地方以康藏公司已投产为由，建议该公司在荥经设厂制作康砖茶。康藏公司让出荥经，只在雅安、天全制作金尖茶（康砖茶产量小，仅销拉萨地区，不及金尖茶产量大，行销面广）。

1943年“中茶公司”与荥经县茶商陈耀伦（二十四军副官长）、姜德滋合资设立“荥经藏销茶叶精制厂”。租用该县姜又新茶店之房屋及制茶设备，资金法币80万元，“中茶公司”与茶商各半，一次凑足。茶厂周转资金用厂方名义向西康省金融机构借贷，“中茶公司”负担保之责，茶厂盈利平均分配。茶厂承买“中茶公司”原料茶，价格按成本加20%利润计算。当年加工制造康砖茶仅万包（2000余担）。

1944年以后，康藏公司因机构庞大，经营漏洞多以及通货膨胀，公司经营每况愈下。陕帮股东借机脱离，川帮部分股东也相继退出，另起炉灶自行经营。在法币、金元券、银元券币制不断更改，通货膨胀形势下，边茶业一蹶不振，一落千丈。1949年西康边茶仅制作17万包（3万余担），其中康藏公司产量由1940年40万包（8万余担）降至10万包（2万余担）。

雅安于1950年2月1日正式解放，4月1日成立西康省人民政府工商贸易厅贸易公司及其所属茶业公司，同年10月该公司更名为“中国茶业公司西康省公司”。经过几年的对私改造、公私合营和国有化改造，一直到1958年，雅安地区的南路边茶加工厂从48家缩减到3家，即地方国营雅安茶厂、荥经茶厂和天全茶厂。国营茶业公司统一管理茶叶收购、加工、销售业务，并对私营边茶业给予扶持，以贷款及加工订货、自制包销等办法，使部分私营茶号得以继续生产。

1950年雅安私营茶号尚有孚和、云龙、西康企业公司茶厂、麟凤、裕丰、新西远、隆裕、利康、翕昌、天兴、义兴、桓秦、聚成、丽生源、世昌隆、康藏公司、中茶公司等17家。荥经私营茶号尚有荣兴、泰康、尉兴生、宝兴、成康五家。天全私营茶号由元复、太昌、泰茂松、明顺、长顺、均记、德泰、天发元、明顺、同记等10家组成“联合茶厂”。

人民政府直接将原国民党政府以官僚资本兴办的边茶加工企业接管，1950年接收“中茶公司”与西康企业公司茶厂。1951年5月接收康藏公司。接管后成立国营企业，形成国营和私营边茶加工企业共存，以国营企业为主、私营企业为辅的经营格局。

1951年，麟凤、裕丰、成康茶号歇业。泰康、尉兴生、宝兴三家组成“协康联营茶厂”。利康、翕昌两茶号组成“利翕茶号”。天兴、义兴、聚成、桓泰、丽生源、世昌隆六家陕帮茶号组成“五一边茶合营社”。云龙茶号公私合营为“中云茶厂”。孚和茶号公私合营为“中孚茶厂”。荥兴茶号公私合营为“中兴茶厂”。天全“联合茶厂”公私合营为“中联茶厂”。

1952年6月，反行贿、反偷税漏税、反盗窃国家财产、反偷工减料、反盗窃国家经济情报的“五反”运动结束后，公私合营“中云茶厂”、“中孚茶厂”垮台；“中联茶厂”转为西康省茶业公司天全茶厂，私营新西远茶号、“协康联营茶厂”亦垮台歇业。同年12月，“利翕茶号”公私合营为“中翕茶厂”。

1954年12月私营隆裕茶号与“五一边茶合营社”合并，公私合营为“中康茶厂”。

1955年，公私合营“中兴茶厂”并入“中翕茶厂”。

1956年，公私合营“中翕”、“中康”两厂合并，定名“地方合营雅安茶厂”。厂长由公方委派，实行厂长负责制。

1958年8月，“地方合营雅安茶厂”过渡为全民所有制，入四川省雅安茶厂。

1955年10月中国茶业公司西康省公司撤销，改制为四川省茶业公司雅安支公司，为本区茶叶经营与管理机构。1956年10月并入雅安专区农产品采购局。1957年4月农产品采购局撤销，成立雅安专区棉麻烟茶采购批发站，隶属雅安专区供销合作办事处。1958年5月，棉麻烟茶采购批发站撤销，茶叶业务实行厂、站合一，入雅安茶厂（经营全区茶叶购销业务，领导荥经、天全茶厂），隶属雅安专区商业局。1962年7月成立四川省对外贸易局雅安专区办事处（内设茶叶土产科），经营管理全区茶叶购销与加工业务。藏区经济迅速发展，对南路边茶的消费量增加。为了满足藏区的需求，国家号召各地充分利用茶叶资源，并在20世纪60年代到70年代，由国家统一安排，在蒙山茶厂、苗溪茶厂等地也进行南路边茶成品的加工。

1963年，在雅安茶厂的帮助下，贵州桐梓茶厂建立起了南路边茶的金尖茶和康砖茶的生产线。

1972年，名山县茶厂建成投产，主要生产金尖茶。后来发展到重庆茶厂、宜宾茶厂、万县茶厂、西山茶厂等都建立起了南路边茶的生产车间。

1978年3月，四川省对外贸易局雅安专区办事处改制为政企合一的四川省雅安地区对外贸易局（内仍设茶叶土产科）。1980年10月成立中国土畜产进出口公司四川省茶叶分公司雅安支公司。1983年10月地区外贸局及茶叶支公司等合并改组为雅安地区对外经济贸易公司（内设茶叶生产科、供销科）。

1985年雅安市（今雨城区）经中央有关部委批准，成立了雅安市茶叶公司，负责本区茶叶生产、收购、加工、销售工作。至此，雅安市县内有雅安茶厂、天全茶厂、荥经茶厂、雅安市茶厂、名山县茶厂五家国营企业生产、加工、销售南路边茶。雅安市和青海玉树州合资兴建了“雅安市茶厂”，专产金尖茶；同年天全县建立起了“天全县茶厂”，也生产金尖茶。

1986年后，又有草坝“幸福茶厂”、洪雅罗坝“青衣江茶厂”、洪雅“中堡茶厂”、名山“供销社茶厂”等私营小茶厂涌现，打破了国营企业垄断南路边茶生产、加工、销售的局面。这时茶叶主管部门雅安地区茶叶进出口支公司将边茶经营权下放，由边茶加工企业自己进购原料，自行加工，自主营销。

1989年，国家开始实行社会主义市场经济体制，国营茶厂在管理运行机制上远不能适应市场经济要求，部分企业负债累累，无法正常经营，有的长期处于歇业状态，影响了雅安南路边茶生产、加工、销售秩序，这种状况一直延续到20世纪90年代末期。

大批小型茶叶加工厂的兴建加剧了市场的竞争，有的小茶厂设备简陋，技术力量薄弱，没有质量检测和控制系统，产品质量不稳定，粗制滥造、缺斤少两的事情时有发生。为了整顿和规范边茶生产和销售秩序，于2002年，国家经贸委、国家工商行政管理局等七部委联合对边茶加工和销售企业进行整顿，重新进行认证。经过整顿，四川省有十个边茶加工厂通过了定点认证，其中九个企业是从事南路边茶加工的，分别是：四川省雅安茶厂有限公司、四川省天全县边茶有限公司、四川省荥经茶厂、四川省雅安市友谊茶叶有限公司、四川省雅安市茶厂、四川省名山县朗赛茶厂、四川省宜宾外贸金叶茶业有限公司、四川省邛崃笔山茶厂、四川省洪雅松潘茶厂。另外一家为四川省平武茶叶有限公司，是西路边茶生产的企业。

2000年至2002年间，国营边茶企业进行了体制改革，变成了私营或股份制企业。雅安茶厂被平安房地产公司兼并后，改名为“四川省雅安茶厂股份有限公司”；雅安市茶厂改名为“四川省雅安市吉祥茶业有限公司”；天全茶厂改名为“天全县边茶有限公司”；荥经茶厂兼并入“雅安市友谊茶叶有限公司”。2005年后，国家《行政许可法》实施，边茶的生产和经营不再经政府审批，国家取消了边茶的统调计划和销售价控制，由省市县（区）定点边茶企业自主经营管理。

同时，为了保证对藏区人民边茶需求的供给，稳定边疆，巩固国防，国务院责成国家商务部、财政部等七部委在全国边茶产区和销区建立了边销茶战略储备库，对边茶储备企业实行中央财政补贴利息，所需本金申请贷款或使用自有资金的方式建立储备库。四川南路边茶产区的雅安先后有雅安茶厂有限公司、天全县边茶有限公司、雅安市吉祥茶业有限公司、雅安市友谊茶叶有限公司四家边茶企业确定为“国储茶”库。2002年后经中央有关部委重新审定，雅安市友谊茶叶有限公司、雅安市吉祥茶业有限公司两家作为南路边茶“国储茶”库，每年储存边茶原料3250吨，边茶成品茶1500吨。

国家边销茶储备（雅安市友谊茶叶有限公司提供）

精细化藏茶产品（黄嘉诚 摄）

藏茶创新产品（工艺产品、藏茶墙砖及创新包装的小饼藏茶）（陈盛相 摄）

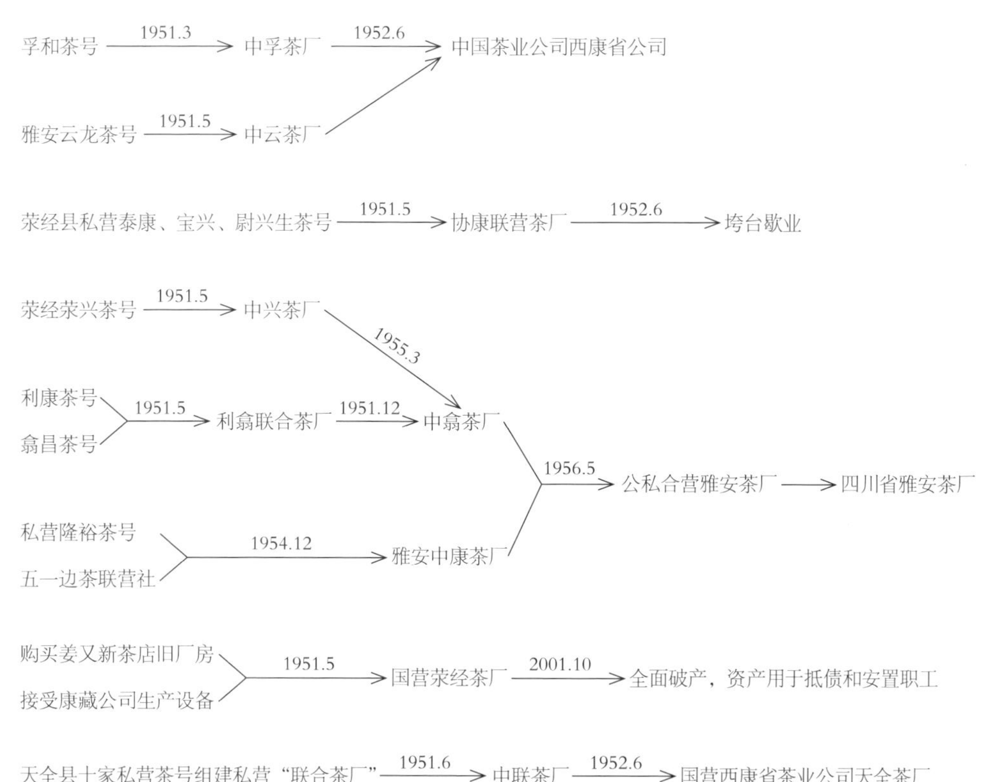


雅安藏茶行业的社会主义改造进程简史图（胥伟 绘）

布达拉宫（毛娟 摄）

# 第六篇

## 流通——茶马古道是由“背子”的血汗铸成

藏茶的流通，主要包括两个层面的内容：原料茶的调入，属于毛茶流通板块；成品茶的调出，属于商品茶流通板块。了解藏茶的调入和输出，对深刻理解藏茶产品及藏茶文化有重要意义，对茶马古道文化的挖掘在很大程度上依赖藏茶产品流通的探究。

## 一、南路边茶原料茶的调入

新中国成立以后，中国茶业公司系统的茶叶调运工作，实行“地方保管，中央掌握，统筹分配，合理使用”的原则，并在“保证边销”的方针指导下，历年调入本区的南路边茶原料茶均纳入计划。年调入实际由1952年的53 400担，增至1984年的176 530担。调出地有云、贵及省内各产茶地、市。

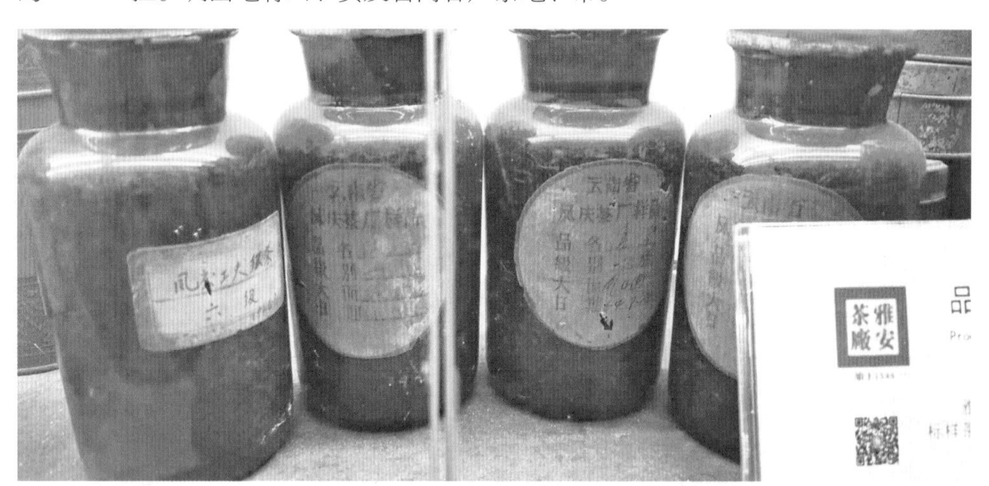

滇红茶标准样示意图（胥伟 摄）

南路边茶原料茶的调运，一是茶产于高山、丘陵地带，交通不便，中转环节多。二是边茶季节性强，调入时间集中，数量大。三是体积松泡，包装规格不一（方形、圆形、扁形、篓子、竹篮、麻袋、布袋均有，重者200多斤，轻者20斤、30斤）。在调运、储存保管方面调出、调入方均感困难，尤以调入方为甚，因仓容限制，时有露天堆放，造成损失的情况。

南路边茶原料茶的成包方法，过去普遍用足踩包。宜宾茶厂采用“冷水开潮木机紧压成包法”，因边茶原料粗老，冷水开潮不易使茶叶软化，木机压不紧，成包效率低，平均每人每日成百市斤包6包，仍不能达到缩小体积、降低松泡、节约费用和包装材料之目的。1955年万县茶叶支公司创用“蒸汽成包法”，茶叶用甑蒸后，叶

川绿茶加工样及标准样示意图（胥伟 摄）

片软化，以木榨重力压缩后，不仅体积缩小且包形整齐美观便于运输，成包效率比“开潮成包法”提高工效40%。20世纪60年代采用打包机后，南路边茶原料茶的成包得到进一步改善。

南路边茶原料茶的运输。1958年前乐山专区9个县的南路边茶原料茶3万至4万担，均用竹筏经青衣江航运至雅安，后由于种种原因而停航，改用汽车运成都中转雅安。绕道运输138公里，每吨增加运费91.93元。1963年乐山专区外贸办事处与航管部门共同组织工作组顺江而上，沿途勘察，经两月努力，恢复了这条航线，茶叶运费由原每吨143.62元平均下降到51.69元。但因滩多水浅，不久又停航。

1978年下半年，雅安地区外贸局与四川省茶叶进出口分公司组成调查组，到川南、川东产茶地、县实地调查，核算对比各项运杂费用，在各地外贸、交通部门支持配合下，开展探查南路边茶原料茶合理运输路线（包括运输工具）工作。

绿茶加工样及标准样示意图（胥伟 摄）

（1）将乐山地区茶叶改由乐山经夹江、洪雅直运雅安（不再经成都中转），缩短运距202公里，每担茶节约运杂费2.47元。

（2）将宜宾、泸州用火车运成都转雅安的边茶原料（年3万~4万担）改为水运乐山再转雅安，缩短运距220公里，每担茶平均节约运费0.8元。

（3）万县地区城口县调雅安边茶，一直按行政区划流转，即由城口经万源、达县至万县，再水运重庆火车运成都，全程1312公里。1979年9月开始改由城口运至万源火车站直运成都，减少万县、重庆两道中转环节，缩短运距329公里，每担茶节约运杂费4.7元。

绿片毛茶标准样示意图（胥伟 摄）

在选择边茶合理运输路线（工具）工作中，为充分发挥水运优势，1980年8月四川省茶叶进出口分公司与四川省重庆轮船公司达成《关于边茶原料的运输协议》，"沿江地区每年有60 000余担边茶原料由水路经乐山运往雅安。其中：万县地区（包括万县、巫山、奉节、云阳、忠县）12 000担左右。涪陵地区（包括涪陵、高镇、丰都、长寿）10 000担左右。宜宾地区40 000担左右。万县、涪陵地区的边茶采取水水联运至宜宾收转乐山（由宜宾港另制运单附原运单送乐山）。重庆轮船公司所属港、站承运的边茶按五级计费（轮司水运费率表中茶叶列名七级）"。

为中转水运至乐山边茶原料，1981年地区茶叶进出口支公司与乐山码头管理站签订修建三圣桥茶叶中轮仓库投资、使用合同，投资6万元，该仓库（仓库面积560平方米）于1982年12月中旬交雅安地区茶叶进出口支公司无偿使用15年。

到1984年止，万县、涪陵地区调雅南路边茶原料茶实际运输方式，除城口、开县、梁平、南川各县火车发运成都交货外，有以下三种方式：

（1）万县港、高镇港采用水陆联运至成都交货。

（2）涪陵港、长寿港采用水水联运至乐山交货。

（3）巫山、巫溪、奉节、云阳采用水运至重庆，委托重庆外运公司中转至成都交货。

做庄茶标准样示意图（胥伟 摄）

南路边茶原料茶调入情况表

单位：市担

| 年度<br>调入数<br>地区 | 1952年 | | | 1962年 | | | 1974年 | | | 1984年 | | |
|---|---|---|---|---|---|---|---|---|---|---|---|---|
| | 合计 | 绿毛茶 | 南路边茶 | 合计 | 绿毛茶 | 南路边茶 | 合计 | 绿毛茶 | 南路边茶 | 合计 | 绿毛茶 | 南路边茶 |
| 合计 | 53 401 | 5294 | 48 107 | 97 815 | 38 | 97 777 | 104 881 | 756 | 104 125 | 176 530 | 2078 | 174 452 |
| 贵州 | | | | 16 535 | | 16 535 | 7744 | | 7744 | | | |
| 重庆 | 200 | 200 | | 4704 | | 4704 | 6112 | 1 | 6111 | | | |
| 自贡 | | | | | | | 1 | | 1 | 10 906 | | 10 906 |
| 南充 | | | | 312 | | 312 | | | | 5428 | 61 | 5367 |
| 万县 | | | | 9556 | 3 | 9553 | 4770 | 1 | 4769 | 17 169 | 666 | 16 503 |
| 涪陵 | | | | 5568 | 2 | 5566 | 6389 | 41 | 6348 | 16 929 | | 16 929 |
| 达县 | | | | 10 846 | 32 | 10 814 | 13 558 | 713 | 12 845 | 29 788 | 372 | 29 416 |

续表

| 年度<br>调入数<br>地区 | 1952年 | | | 1962年 | | | 1974年 | | | 1984年 | | |
|---|---|---|---|---|---|---|---|---|---|---|---|---|
| | 合计 | 绿毛茶 | 南路边茶 | 合计 | 绿毛茶 | 南路边茶 | 合计 | 绿毛茶 | 南路边茶 | 合计 | 绿毛茶 | 南路边茶 |
| 江津 | | | | 1348 | | 1348 | 3445 | | 3445 | 3882 | 409 | 3473 |
| 内江 | | | | 1129 | | 1129 | 1841 | | 1841 | 2471 | 7 | 2464 |
| 凉山 | | | | 1587 | | 1587 | 1209 | | 1209 | 7074 | | 7074 |
| 绵阳 | | | | 310 | | 310 | | | | 2719 | | 2719 |
| 宜宾 | 8874 | 2607 | 6267 | 29 098 | 1 | 29 097 | | | | 24 376 | | 24 376 |
| 乐山 | 42 819 | 979 | 41 840 | 5369 | | 5369 | 35 292 | | 35 292 | 55 752 | 563 | 55 189 |
| 温江 | 118 | 118 | | | | | 1194 | | 1194 | | | |
| 甘孜 | | | | | | | 295 | | 295 | | | |
| 成都 | | | | | | | 3929 | | 3929 | | | |
| 渡口 | | | | | | | | | | 36 | | 36 |
| 云南 | 1390 | 1390 | | 11 453 | | 11 453 | 19 102 | | 19 102 | | | |

## 二、南路边茶原料茶的收购

雅安南路边茶原料茶（简称粗茶）的收购，民国时期，以地区论优劣。分本山茶、上路茶、横路茶三等。周公山茶区出产的茶称本山茶，青衣江上游的茶称上路茶，青衣江中下游左右两岸的茶称横路茶。交易手续一般为看样、评价、过秤、付款、运送几项。每逢茶季，茶农即将茶叶背至附近场镇，或摆列街中或背至茶贩门前，以待买主光顾。交易之初先取茶样少许，仔细审评，然后讨价还价，双方认为满意后即行过秤。粗茶水湿较重，通常以老秤计算，即20两（16位制）为一市斤。茶贩购茶，多为现购自运，大茶贩或茶店代装，间有短期赊欠，有时需由卖主送运。

据1940年的调查，茶农售茶与茶贩，每110斤作一担，茶贩售茶与茶店，每150斤作一担。做庄粗茶茶农售与茶贩每担14~16元（法币下同），茶贩售与茶店每担32~34元，毛庄粗茶茶农售与茶贩每担13~15元，茶贩售与茶店每担27~28元。

周公山示意图（胥伟 摄）

新中国成立以后，国营茶叶公司茶叶收购工作，在“大力发展茶叶生产”的方针指导下，立足生产，方便销售，对南路边茶原料茶全额收购，对样民主评茶，实行“好茶好价、次茶次价”的价格政策。

1952年中国茶业公司西康省公司改革南路边茶原料茶收购以地区论优劣的历史作法，在收购等级设置上，分设“做庄金尖”、“毛庄金尖”、“茶梗”三个品种，并根据雅安县浅山茶区有割两道粗茶的习惯，在该县增设“做庄二茶”、“毛庄二茶”两个品种，荥经县为康砖茶主产区有采一道细茶、两道粗茶的习惯，在该县增设“洒茶”、“条茶”两个品种。各品种之下，再设若干级。到1956年全区南路边茶原料茶初制加工技术趋于一致，各县“做庄金尖”茶统一设四个级，“毛庄金尖”、“茶梗”统一设二个级。

1951年全区收购粗茶47 107担，到1956年收购量达54 148担，增长较快。三年困难时期，1960年收购量急剧下降到22 858担，为历史最低点，之后长期徘徊于3万至4万担左右，1975年收购量始恢复到46 727担，仅相当于1951年的收购量。1978年党的十一届三中全会后，随着农村一系列经济政策的贯彻，收购量迅速增长。1984年全区收购粗茶86 248担，在1977年53 640担的基础上平均每年增加4658担。1985年实行多渠道收购，外贸收购（包括代购）量为56 330担。

1. 收购方式

新中国成立初期，茶叶机构力量薄弱，茶叶公司只在主产区的城镇设站收购，辅以流动收购的办法。所收茶叶由茶贩转手售卖的占较大比重。

1952年茶季起，逐步将茶叶收购业务委托合作社办理，扶持合作事业的发展，公私合营茶叶企业组织联购、划区收购，服从国营公司制定的收购规格、价格，实行余缺调剂。

雅安县：由雅安、草坝、河北茶厂就地设站收购外，茶叶公司组织私营厂四个（五一、利翕、隆裕、新西远），设公私联购站五个（下里、观化、沙坪、大河、严桥），雅安县联社代购站七个（多营、中里、紫石、孔坪、望鱼、大兴、凤鸣）。

荥经县：荥经城关于荥经茶厂及其工厂、公私合营中兴茶厂、私营协康茶厂分别收购，荥经茶厂在花滩、荥河、石潭设收购站，协康茶厂在泗坪设收购站，凰仪堡委托供销社代购。

天全县：天全茶厂设城关、始阳、滥池、大小鱼溪收购站和铜厂流动收购组并委托芦山县联社代购芦山太平场茶叶。

名山、洪雅县的粗茶由川西区按计划调拨雅安。因川西人力不足，由西康省茶业公司直接与当地合作社建立代购关系，并组织公、私人力帮助收购，名山设城关、回龙、车岭收购站。洪雅设罗坝、柳江、炳灵收购站。

除以上各县区所设收购站外，尚有临时流动收购小组20余个。

以上各收购点共投入262人，其中：茶叶公司、茶厂189人，雅安私营茶厂40人，荥经私营茶厂20人，雅安县联社7人，名山县联社3人，洪雅县联社3人。

1953年至1955年扩大委托合作社代购范围，雅安除城关、草坝，荥经，天全除城关外，其余地区均委托代购。

1956年农产品采用采购局系统时，雅安、荥经、天全县茶叶由茶厂自购（延续至1959年）。名山县由县采购局自购调拨茶厂（1957年改为委托供销社代购）。芦山、宝兴、石棉、泸定县茶叶委托合作社代购。

1960年至1961年全区各县茶叶均由合作社收购，实行商业系统内部调拨（调茶厂）。

1962年成立专区外贸办事处后到1965年全区各县粗茶均委托合作社代购。

1966年起外贸在雅安、荥经、天全三县建立县茶叶收购机构，实行厂站合一，一套人马，两块牌子，两套核算。站的机构名称为雅安专区外贸办事处（雅安、荥经、天全）县茶叶收购站，县以下为分站。直接收购雅安、荥经茶叶，天全县除直接收购城关、思经、大河、沙坪、紫石两路茶叶外，其余零星产区仍委托合作社代购。

1980年名山县成立茶工商联营公司后，该县茶叶由县“茶联司”收购（按计划调交外贸南路边茶成品茶和原料茶）。

1982年雅安、荥经、天全、芦山等县相继成立县茶工商联营公司，茶叶由“茶联司”收购，按派购任务调交外贸茶厂。

1985年茶叶退出派购，实行多渠道经营，多渠道收购。

南路边茶原料茶收购，新中国成立后，历来为在产区设站收购，1960年农副产品“大购大销”时，实行就地收购。收于农户家中、生产队公房，乃至估堆计量付款。当年收存于偏僻地方长期无法运出的粗茶达16 700担，称“死角茶”。品质劣变，损失较大。1962年采取抢运“死角茶”措施，对运茶人员给予口粮补助，每背运茶叶100市斤往返共60华里补助口粮一斤（按里程、运量折算）。按原运价标准补贴运费50%，免票直接供应部分乙级香烟。为调动基层供销社调运“死角茶”积极性，补偿积压资金利息和超额损耗并按运出数量的金额付给20%的手续费。雅安县“死角茶”较多，达11 500担。除采取以上措施外，茶厂派出厂长、业务干部、工人共50余人，驻沙坪乡往返背运大河乡“死角茶”，历时一月有余。

南路边茶原料茶代购手续费：包括因开展代购业务而支出的工资、办公费、差旅费、邮电费、账表费、仓储保管费等。除去以上费用后，使供销社按收购金额计算（不含税款）有2%~6%的利润。

历年代购手续费率表

单位：%

| 县别 | 1952—1956 | 1962—1965 | 1964 | 1965 | 1966—1977 | 1978年以后 |
|---|---|---|---|---|---|---|
| 雅安、荥经、天全 | 6 | 9 | 10 | 9 | | |
| 名山、芦山 | 6 | 9 | 12 | 11 | 10 | 13.18 |
| 宝兴、石棉 | 6 | 12 | 12 | 11 | 10 | 13.18 |

备注：1.石棉县1956年开始代购。2.天全县1966年零星产区仍委托代购，手续费率10%。3.1965年除手续费外，另计资金利息：名山4个月，宝兴、石棉3个月，芦山实报实销。

品质验收：1962年以前，供销社代购茶叶，原收原交，外贸按原收等级付款。茶厂按收购标准样茶和水分标准验收，做好记录，及时通知供销社作为检查和改进工作的参考。1963年起实行一个级的公差制，相差在一个级以内作为合理误差，外贸按原发等级付款，超过公差的按验收等级付款，其降级损失金额（包括税款和费用）由收发货双方分批详细记账，调运结束时，联合上报专区，逐级转报处理。

1965年鉴于粗茶等级简单，级距明显，不再实行公差制。1966年实行“一次验级有效”办法，即以基层代购单位收购的等级作为调交外贸的有效等级。1979年取消“一次验级有效”办法，亦不实行公差制，按收购标准样验收。

### 2. 评茶计价

评茶计价是贯彻执行国家政策，准确处理国家、集体和个人三者利益的一项重要工作。既关系到国家同群众的关系，也关系到生产的发展。茶叶收购主管部门，历来严肃认真对待评茶计价工作，要求各级收购部门坚决贯彻“对样评茶、按质论价、好茶好价、次茶次价”的价格政策，反对压级压价和提级提价。

收购标准样是评茶计价的实物依据。本区粗茶收购样，各县均统一执行雅安刀割南路边茶做庄茶样。

收购标准样茶的制定程序：县级茶叶收购部门会同物价、农业等有关部门并邀请茶农代表共同制定报地区外贸部门，经与地区有关单位共同审核后，报省茶叶业务主管部门审核后转报中央主管部门审批下达。地、县按上级下达的样茶执行，无权自行变动。收购标准样茶于茶季开始前下达至基层，作为收购和交接验收的实物依据。

南路边茶原料茶收购计价水分标准：条茶，1964年以前12%，1965年调为14%。做庄金尖、毛庄金尖茶，1964年以前12%，1965年调为14%，1967年调为16%并执行至1985年。

南路边茶原料茶收购审批：看条索、净度、色泽、含梗量，并辨别真假，按干看外形定级计价。茶梗中枯枝老梗、鸡爪梗，不予收购。

### 3. 南路边茶原料茶的收购价格

新中国成立后，茶叶的收购价格实行统一领导分级管理。全国茶叶的主要品种和主要市场由部（总社）管理，其他品种、市场由省（市、区）主管厅局管理。部管价格调整时，地方管理的同类茶价格比照部管的茶叶品质和价格水平进行调整，并衔接好毗邻地区价格。

本区雅安市场南路边茶原料茶做庄金尖二级收购价（包括收购标准样）由部掌握管理。

历年部颁雅安市场做庄金尖标准级价格

| 年度 | 收购价格（元/担） | 颁发价格单位 |
|---|---|---|
| 1955年 | 17 | 外贸部、商业部、农业部 |
| 1956年 | 20 | 农产品采购部 |
| 1958年 | 24 | 全国供销合作总社 |
| 1960年 | 26 | 商业部 |
| 1965年 | 32 | 全国物价委员会、外贸部 |
| 1966年 | 35 | 全国物价委员会、外贸部 |
| 1973年 | 39 | 商业部 |
| 1982年 | 46 | 物价总局、商业部、国家民族事务委员会 |

1951年至1955年收购茶叶，有城乡运缴差价。1956年根据全国第五次物价会议精神，“按一个产区一个价格，保持地区间的品质差价，不保持地区差价”。取消了城乡差价。

本区各主要收茶站城乡差价表（1954年）

| 乡名 | 差价 | 乡名 | 差价 | 乡名 | 差价 |
|---|---|---|---|---|---|
| 雅安多营 | 0.5元 | 晏场 | 2.75元 | 铜厂 | 1.7元 |
| 大兴 | 0.6元 | 荥经花滩 | 0.35元 | 思经 | 0.6元 |
| 凤鸣 | 0.7元 | 石滓 | 1.0元 | 芦山太坪 | 1.0元 |
| 紫石 | 0.8元 | 荥河 | 1.2元 | 晓里 | 2.0元 |
| 孔坪 | 0.8元 | 凰仪 | 1.2元 | 大川 | 2.0元 |
| 下里 | 1.0元 | 泗坪 | 1.8元 | 中里 | 1.3元 |
| 新庙 | 2.4元 | 沙坪 | 1.5元 | 天全始阳 | 0.5元 |
| 观化 | 1.0元 | 紫石 | 0.5元 | 严桥 | 1.85元 |
| 两路 | 0.5元 | 大河 | 2.45元 | 飞仙、丁村 | 1.2元 |

历年收购南路边茶原料茶除收购正价外，曾采取以下经济措施：

1961年实行价格奖励。超产超卖的部分在收购牌价之外，给予加价20%~30%奖励。

自1961年起实行荒茶运费补贴。根据采摘交售荒茶费工程度，每售荒茶一担，补贴价格3元。

1962年至1964年收购牌价不动，按牌价给予20%的价外补贴。

1980年5月1日起，边茶原料收购环节的工商税税率由40%调减为20%，从1981年起减税20%的税额以生产扶持费的形式付给生产者。

1983年新茶上市起，边茶原料的工商税税率由20%降为10%，减税税额仍以生产扶持费的形式付给茶农。

本区南路边茶原料茶的收购价格，经过多次调整，逐步提高。以雅安1951年标准级收购牌价每担7.57元与1982年以后收购牌价每担46元相比，茶价提高了5.9倍。茶米交换比率由1951年的1：1（1951年大米收购价每百斤7.42元）上升到1：2.7（1982年以后大米收购价每百斤16.90元）。1982年以后南路边茶原料茶标准级收购牌价加上收购价格以外的经济措施（减税的30%），实际收购价每担为59.8元，则比1951年提高8倍，茶米交换比率上升为1：3.5。

4. 派购与奖售

随着兄弟民族地区经济发展和生活水平的提高，边茶供求矛盾日益突出，为掌握边销茶货源，1961年实行订购按农村人民公社生产队包产数的90%订购，1962年起至1984年实行派购。为鼓励茶农交售产品，从1961年起实行奖售，按每交售一担南路边茶原料茶奖售粮食10斤、化肥5斤。1962年调整为粮食10斤、化肥40斤……1979年调整为粮食20斤、化肥25斤。

历年南路边茶原料茶收购奖售标准

单位：斤、尺、张

| 年份 | 粮食 | 化肥 | 棉布 | 工业品券 | 备注 |
|---|---|---|---|---|---|
| 1961年 | 10 | 5 | | | |
| 1962年 | 10 | 40 | | | |
| 1963年 | 10 | 40 | 15 | 2 | 毛庄粗茶棉布10尺 |
| 1964年 | 10 | 35 | 15 | | 毛庄粗茶棉布10尺 |

续表

| 年份 | 粮食 | 化肥 | 棉布 | 工业品券 | 备注 |
|---|---|---|---|---|---|
| 1965年 | 15 | 30 | 15 | | 毛庄粗茶棉布10尺 |
| 1967年 | 15 | 30 | 10 | | |
| 1968年 | 15 | 30 | 8 | | |
| 1973—1984年 | 20 | 25 | | | 1969至1972年取消化肥奖售，改按计划分配，粮食15斤 |

5. 培训与配备技术力量

培训收购人员

收购人员是茶叶收购政策、价格政策的具体执行者。正确的评茶定等给价对促进茶叶生产和提高毛茶品质具有重要作用。为提高收茶人员的政治和业务技术水平，茶叶公司自1953年起于每年茶季前举办收茶人员培训班，合作社也选派在职人员参加，组织学习收购协议、收购政策、茶价政策、标准样茶与评茶计价的办法、报表统计制度，培训服务态度等。

培训采、制茶技术

采、制茶叶的培训工作，在配合农村互助合作运动开始推广示范粗茶采割、初制技术取得效果的基础上，1959年组织茶厂、茶场、县茶技干部、茶农共41人赴省外学习采、制茶技术。其中：25人赴江苏、浙江学习龙井等绿茶初制加工技术，16人赴湖北五峰学习双手采茶技术。然后在区内组织培训。“文化大革命”期间技术培训工作停顿，于1973年恢复此项工作，在茶季前或茶季结束后，召开“科学种茶经验交流会”、“春、夏茶采制会”、“收购鉴评技术交流会”、“茶叶生产工作会”等不同形式的会议。以会代训，为农村社、队教授种茶、采茶、制茶技术，推动茶叶生产发展。

配备茶叶技术辅导员

1964年在重点产茶公社雇用联络员，工资由外贸负担，计入成本。1973年起改为配备茶叶技术辅导员。全区共配备65人（雅安23人、荥经12人、天全5人、名山18人、芦山7人）。人选由公社推荐，县上批准，自带口粮半脱产，为本公社茶叶生产服务，指导种、管、采、制茶叶技术。业务上受当地茶叶收购部门领导，工资由外贸负担。1980年各县相继成立茶工商联营公司后，茶叶辅导员与外贸脱钩，由县茶叶联营公司考核录用。

## 三、南路边茶的运输路线

### （一）运往西北茶叶市场

雅安茶叶的输出一直受着政治、经济、交通运输条件的影响。

在唐朝，雅州所产的茶叶主要是运往成都方向，成都是当时的茶叶集散地。汇集到成都的茶叶向北翻越秦岭，运往长安（今西安），再由长安运往全国各地。其中有一部分通过古丝绸之路运往西域各国。

到宋朝以后，四川的茶叶仍然按唐朝的路线运往陕西、甘肃等地。当时雅安的茶叶主要用以易马，主要路线有两条，一条路是从名、雅出发，经邛州、成都、汉州、绵州、建州、利州，过金牛驿到陕西兴州中转；另一条路是沿青衣江而下到乐山，经岷江、川江到重庆，经嘉陵江到广元一带，再由人力搬运翻越秦岭到陕西转运。

### （二）往西运输

南路边茶的运输是非常艰难的，途中要翻越折多山、雀儿山、达马拉山、宁静山等数座海拔4000米以上终年积雪的高山。并且该运输线上还要跨越大渡河、金沙江、澜沧江、怒江、雅鲁藏布江等大江大河。

绍兴二十四年（1154年），复黎州（今汉源县）及雅州碉门（今天全县）灵犀砦易马场。从那以后，西北的茶马市场的中心南移到了四川雅安。茶马古道以雅安为起点，向西到康巴、藏卫、阿里等地，甚至运到今巴基斯坦、尼泊尔等国。

从雅安到康定，再由康定往西有多条路线，康定—玉树线，康定—拉萨线，拉萨—日喀则线。这一路上茶叶的运输主要是靠人力背运和骡马驮运两种方式。

除了以上的运输线路外，据史料记载，在1936年，理塘藏商绒扎家的罗松达娃兄弟，从雅安、荥经购茶一万包，计划从雅安水运到乐山，再经过长江到上海，经香港、新加坡、加尔各答，再经铁路到大吉岭转运到西藏。由于日本侵略中国，长江口堵塞，被迫改道粤汉铁路到香港，再经海运到印度，由于运输路途遥远，成本很高，加之损失太大，使得绒扎家破产。可见茶叶运输的艰难。

#### 1. 雅安康定线

雅安至康定分两段运输，以泥头为中继站。雅安“背子”（又称“背二哥”）只能背至泥头，须换泥头“背子”背至康定。行走路线：出雅安，经对岩、紫石里、观音铺、龙兴寺、煎茶坪、麻柳湾、高桥关、大庙、荥经、古城（孟获归城）、鹿角坝、雨他铺、箐口站、芭房、安乐坝、凰泥堡、小关、大关山、蛮坡、三大湾、草鞋坪、象鼻子、羊圈门、清溪、汉源、富庄、泥头、林口、化林坪、隆坝铺、冷碛、钗花庙、头道水、西阳，至康定。全程450华里。

人力背运。运茶工人将茶包放入背篼或束在弯木制作的杠架上，背于背后翻山越岭。因杠架甚硬，易磨破皮肉衣服，垫以“甲背子”（长方形、棕制，或以枝条为经、竹篾为纬纵横编成），每人可背茶7至11包，重112~176斤老秤，连包座和背架近250斤。每天只能走二三十里路（走百多公尺需停步小歇），18天左右始到康定。

人力背运运价。抗日战争前每包1.6~2元，1940年涨至4.6~9元。1950年10月为1.8元，可买大米21斤。支付运费分“上足”与“下足”，起程时先付半数为“上足”，运达终点再付半数为“下足”。

边茶运输以冬季为最忙，各地“背子”先至揽头处开具保单，并纳手续费，持条至茶店背茶。“背子”负重，山路难行，时有将茶包弃于途中情况，名曰“路寄”，茶号需派专人沿途督促。1950年组织运茶工作中，弃茶情况依然存在。仅6至8月，经公安机关和各区工作人员、群众发现即达十余起。如荥经足户把茶丢在店内，领了足价，一去不返者三起，将茶丢弃荒野的两起，弃茶于天全店内，逃跑者两起，在天全勾结当地不法分子以坏茶换好茶的一起，……拐骗、倒换、变卖、拖时不送等事情难以杜绝。

骡马驮运。驮运茶包的马以产地不同分为汉骡帮、藏骡帮两种。汉骡帮自雅安到康定只需七天，运费高于人力20%，藏骡帮多在康定雇用，自雅安驮茶至康定需时半月，因沿途放牧，支营设帐休息，故到达较迟。运费须付茶包，不收货币。在雅安发百包茶，扣除运费后在康定只能实收50至60包茶，运费甚高。

西康建立行省后，民国32年（1943年）西康省驿运管理处规定的雅康线兽运价格如下：

| 下行 | | | | 康定 | 雅安 | | | | 上行 |
|---|---|---|---|---|---|---|---|---|---|
| | | | 180 | 泸定 | 天全 | 100 | | | |
| | | 150 | 330 | 两路口 | 两路口 | 350 | 250 | | |
| | 200 | 350 | 590 | 天全 | 泸定 | 530 | 430 | 180 | |
| 70 | 270 | 420 | 600 | 雅安 | 康定 | 760 | 660 | 410 | 230 |

注：运价为百斤，骡车、板车运价同驮运。

汽车载运。1950年9月雅康公路修复通车，载重3吨货车可装茶350包，每包运费2.5元。1954年川藏公路全线通车，每包茶运费降为0.69元。

**2. 康定玉树线**

自康定经二道桥、折多塘、二台子、折多山顶、水轿子、长春坝、中古寺、白杨树、八美、泰宁、官寨子、松林口、谷卡、道孚、�通“博”隆、噶拉中、仁连、瓦连、炉霍、纳柳村、加身小、朱倭、甘孜、白利、林忽、绒坝岔、玉隆、母林拉、竹绩、温泉、拉的苦、柯鹿洞、宴连、德格。

德格至玉树有二途：

（1）德格、柯鹿洞、竹庆、俄滋、邓柯（循金沙江）、玉树。

（2）德格、龚垭、冈沱、艾坝、绒松、花泥、十仰大、打紫、卡工、纳夺、觉雍、白里、拖巴、额多卡、热垭、麻柳坪、昌都、拉穆达、瓦得、襄谦、康达、结载里、玉树。

**3. 康定拉萨线**

（1）北路。自康定经乾宁、道孚、炉霍、甘孜、德格、同普、昌都、思达、硕督、嘉黎、太昭、拉萨。

（2）南路。自康定经折多塘、安良坝、东俄洛、卧龙石、雅江、麻盖中、西俄洛、杂马拉洞、大竹卡、理塘、喇嘛寺、二郎湾、三坝、义敦、奔察木、巴安、竹笆笼、空子顶、莽岭、古树、宁静、梨树、石板沟、阿足、洛架宗、察雅、昂地、葛卡、巴贡、色敦、猛堡、昌都、浪荡沟、拉贡、思达、瓦合塘、嘉裕桥、洛隆宗、硕督、巴里郎、拉孜、边坝、丹连、郎吉宗、阿兰多、甲贡、多洞、擦竹卡、嘉黎、阿杂、常多、宁多、太昭（即红达）、顺达、鹿马岭、堆达、仁进里、拉木、拉萨，共60站。

（3）西路。自南路宁静县（今芒康县）西行，经巴克岭转苏穆宗、拉胡、薄宗、苏尔东城、底穆宗城、公布竹母城、公布拉所考城、太昭、拉萨，较南路近1300余里，唯森林茂密，不便行旅。

康定至拉萨的路程，《西藏史地大纲》记载为5100里，《西藏通览》记载为4946里，《西康建省》记载为4710里，《西康问题》记载为4500里。

**4. 拉萨日喀则线**

出拉萨西南行，经龙岗、亚党、僵里、曲水、冈把泽、白地、达鲁、郎噶孜、翁古、热降、江孜、人进岗、白浪、春堆、日喀则。

历史上茶包运输，从康定起使用牦牛驮运至青藏各地，牦牛藏名“乌拉”，性驯能负重，日行四五十里，康定至拉萨，大小百余驿站，需三四个月方可到达。

1954年12月25日，建设在“世界屋脊”上的康藏公路和青藏公路同时通车，大大缩短了茶包运输时间。

康藏公路从雅安出发，登上青藏高原，穿越横断山脉到达拉萨河谷，全程2255公里。自雅安经康定、甘孜、昌都等城市，越过二郎山、折多山、雀儿山、甲皮拉山、色齐拉山等14座海拔3200~5000米的大山，横跨大渡河、金沙江、澜沧江、怒江等十多条波涛汹涌的大河，通过几十里的峡谷悬岩和遮天蔽日的原始森林以及泥沼、流沙、冰川等许多地质特殊地段。

1957年成都至红柳园（河西走廊最西部）火车通车后，运往拉萨的茶包运输路线，改为由成都铁路运输至柳园，接连青藏公路运达拉萨。柳园至拉萨公路运输里程1924公里。经安西、敦煌、独山子、岔路口、长草沟、花海、鱼卡、大小柴旦、盐海北、南岸、小桥、格尔木、冰雪河、昆仑桥、纳赤台、三叉口、小南川、昆仑山、不冻泉、五道梁、风火山、乌丽路口、沱沱河、通天河、雁石坪、温泉、木曲河、唐古拉山、安多买马、喇嘛庙、黑河、拉龙尕木、当雄、业宗、羊八井、堆龙德庆、拉萨。

这条公路格尔木以南路段，在海拔4000米以上，空气稀薄，气候不良，盛夏飞雪，冬季大雪封山，地质复杂，有几百公里的冰冻地带，随后火车通至格尔木，茶包运输更快更省。

运青海玉树茶包，在康定以牦牛驮运440华里抵达玉树，每包运费达7.58元。1957年改由成都发运，经宝成、陇海铁路至河口，再以汽车直运玉树，每包运费较原线降低1.92元，日程缩短10余天。

## 四、背夫

从事茶包背运的脚夫叫“背子”（在雅安当地也有“背二哥”的叫法）。常用的工具则是一个背架子；一个垫背子；一个丁拐子；一个汗刮子；一副脚码子，再加几双草鞋。

早期背茶的方法是用绳子将茶包捆扎成一排来背，后来变成用背架子来背。背架子是木制的架子，用于固定茶包和携带的干粮和水等，接触背部的地方是用竹篾编制成的有弹性的垫背子。

丁拐子是一根长65~70厘米的丁字形拐杖，用硬杂木做成。丁拐子的横木长约20厘米，上有一个小槽。丁拐子的

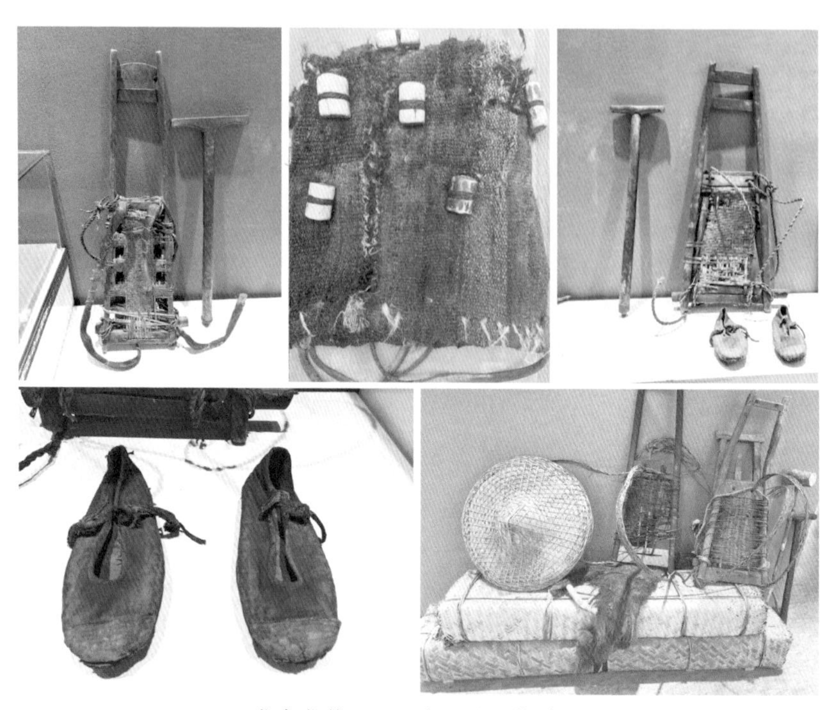

背夫背茶用具示意图（胥伟 摄）

背夫背茶示意图（胥伟 摄）

下端有用以固定的铁尖，既耐磨又防滑。行走时当作拐杖，辅助用力；休息时，可将丁拐子下端固定在土或石缝中，再将背架子放在丁拐子上休息。

背夫们穿的草鞋多用稻草编制而成，由于这种草鞋不耐穿，所以出门背茶时需要多备几十双草鞋才够用。也有少数是用竹麻编制的比较耐用的草鞋。

背夫背茶用具——背架子和丁拐子示意图（胥伟 摄）

背夫背茶时穿的鞋（胥伟 摄）

由于背运的茶包量非常大，除了雅安、荥经、天全、名山本地的背夫以外，还有泸定、康定的背夫。川东北地区也有少部分的背夫，由于他们不习惯于背，善于挑，所以，他们是用扁担挑着茶包。

人工背茶的运费在抗日战争以前，每包茶为1.6~2圆（元），到1940年涨到4.6~9圆（元）。1950年恢复到1.8圆（元）。按当时的市价，1.8圆（元）可买大米21斤。

背茶的季节多在农闲的冬季。由于路途遥远，山路难行，有不少地方没有路，依靠在悬崖峭壁上凿出石孔，打入木桩，人踩着这些木桩前行，常有背子因木桩断裂或踩滑而掉下悬崖。路上还常有野兽出没和土匪骚扰，不少背子在途中受伤、病死或失踪，所以背子们多以乡亲、邻居6~7人或10多人结伴而行，这样一来既有安全上的互相照顾，又可避免有的人领了“上足”后将茶丢弃在荒野或旅店中，一去不复返，还可以防止在天全将好茶换成“小路茶”（“小路茶”的质量较低，含有假茶）。

## 五、驮运

用牲口驮运茶叶则是另外一种运茶方式。唐宋时期曾使用牦牛来驼茶，由于牦牛行走速度过慢，后改为用骡马驮。每匹马可负重65~80公斤，每匹骡子可负重90公斤。虽然骡子负重大，但是由于其个头大，在山路上行走不便，渐渐地开始使用“建昌马”，少数使用骡子。

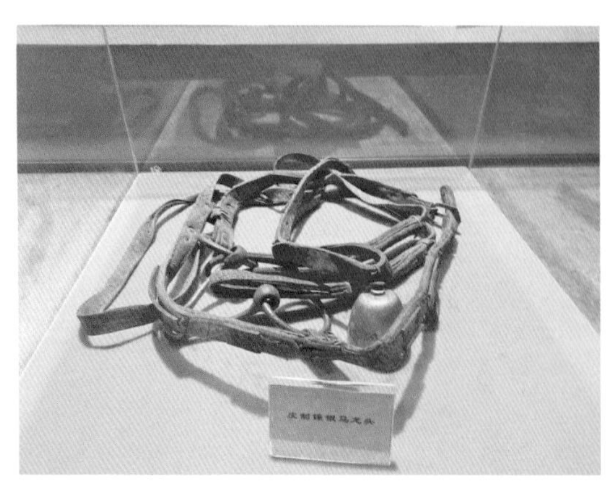


皮制镶银马龙头（胥伟 摄）

皮制镶银马叉子和青稞酒壶（胥伟 摄）

马鞍（胥伟 摄）

青稞酒壶（胥伟 摄）

茶马古道示意图（胥伟 摄）

## 六、现在的边茶运输

1954年康藏公路全线贯通，运往藏区的茶叶告别以前人背马驮的历史。经过几十年的建设，目前边茶通往藏区的运输路线可分为以下几条：雅安—玉树线；雅安—昌都线；雅安—康南线；雅安—木里线；雅安—阿坝线；雅安—小金线；雅安—拉萨线；拉萨—林芝线；拉萨—革吉线；拉萨—日土线。

随着通往藏区的交通条件的进一步改善，茶叶运往藏区不仅变得更加的便利，而且大大地降低了运输的成本。

总之，不管是古代的茶马古道，还是今天的边茶运输线，它们一直充当着维系汉藏同胞之间感情的纽带，为汉藏同胞之间的交流立下了汗马功劳。

## 七、南路边茶商会

2013年12月8日，由雅安市7家茶企自愿组织的雅安南路边茶商会正式成立。

2013年10月10日，商会在《雅安日报》发布公示后，于10月16日召开了会员大会，一致通过了商会章程，选举雅安市名山区西藏朗赛茶厂总经理王博（现任四川康润茶业有限责任公司总经理）担任注册会长，由国家高级评茶员黄春鈇担任秘书长，并聘请省内外12名茶叶专家、教授为商会顾问。

2008年雅安“南路边茶制作技艺”被列入第二批“国家级非物质文化遗产”名录，加以保护和传承。

为了提升雅安南路边茶适应现代消费者对藏茶的需求能力，提升南路边茶的品质，增强南路边茶的影响力，促进雅安南路边茶行业的发展，经过30多次协商，7家茶企自愿组织抱团成立商会，形成合力，传承国家非物质文化遗产“南路边茶制作技艺”，促进南路边茶产业有序、良性、快速、健康发展。

商会成立后，7家成员单位从原料收购标准、产品质量标准、包装标准，以及对外宣传方面都进行了统一，目的是提高南路边茶系列产品的品质，扩大南路边茶的影响力，促进整个产业的发展壮大。

2017年 2月20日，四川雅安西康藏茶集团有限公司、雅安市山雅茶业有限公司自愿申请加入商会，并通过了商会的资质考察，成为商会的新成员。至此，商会成员达到9家。

国家级非物质文化遗产生产性保护示范基地奖牌（雅安市友谊茶叶有限公司提供）

# 第七篇

## 藏选——藏（zàng）茶之藏（cáng）茶之趣

藏茶在适当条件下可以长期存放，这是其原料采摘要求和加工工艺所决定的。沈从文在《时间》里说：“一切存在严格地说都需要‘时间’。时间证实一切，因为它改变一切。气候寒暑，草木荣枯，人从生到死，都不能缺少时间，都从时间上发生作用。”藏茶，经岁月流转，把年华沉淀在滋味中。

藏茶属黑茶类，是一种后发酵型的茶叶产品，具有“越陈越香”的品质特征，因其选用周公山系高山原料，且选料较为成熟，故其品质风味独树一帜。在漫长的贮藏过程中，雅安藏茶的内含物质成分随贮存地点的温度、湿度及贮存时间长短的不同而风格迥异。本篇内容将从黑茶等温吸湿模型、贮存过程空气湿度与品质关系及不同年份藏茶的品质成分及保健功效差异等方面进行解读，为广大茶友及茶文化爱好者对雅安藏茶的藏选提供一些科学的思路，并为茶友在饮用和投资选购藏茶产品时提供相关参考意见。

## 一、影响贮存期茶叶品质的环境因素

茶叶品质变化是茶叶中各种化学成分氧化、降解、转化的结果，而引起这种结果的环境条件主要是水分、氧气、温度和光线，以及这些因素之间的相互作用。

### （一）温度

研究表明，温度对茶叶氧化反应影响很大，温度越高，反应速度越快。温度每升高10℃，茶叶色泽褐变的速度就要增加3~5倍。如果茶叶在10℃条件以下存放，可以较好地抑制茶叶褐变的进程；而-20℃条件中冷冻贮藏，则几乎能完全防止陈化变质。因此，在较高温度下贮放茶叶，未氧化的黄烷醇的酶促氧化和自动氧化以及茶黄素和茶红素进一步氧化、聚合速度都将大大加快，从而加速新茶的氧化和茶叶品质的损失。因此，为了使得茶室内的雅安藏茶有一个较好的稳定转化，建议常年温度控制在25℃左右。

## （二）水分

水分包括茶叶的含水量和贮藏环境的空气相对湿度。食品理论认为，绝对干燥的食品中因各类成分直接暴露于空气容易遭受空气中氧的氧化，而当水分子以氢键和食品成分结合并呈现单层分子层状态时，就好像给食物成分表面蒙上一层保护膜，从而使受保护的物质得到保护，氧化进程变缓。研究认为，茶叶含水量在3%左右，茶叶成分和水分子几乎呈单分子层状态，因此，可以较好地把脂质与空气中的氧分子隔离开来，阻止脂质的氧化变质；当水分含量超过这一水平后，水分不但不能起保护作用，反而起溶剂作用。当茶叶中的含水量超过6%，化学变化变得相当剧烈，主要表现在叶绿素会迅速降解，茶多酚自动氧化和氯化，进一步聚合成高分子进程大大加快，色泽变质的速度呈直线上升。

熟悉黑茶的茶友都清楚，黑茶可以长期储存，包括国家标准的产品标识上关于保质期的要求亦是如此：在符合储存条件下可长期贮存。而贮存条件则明确为：避光、干燥、防异味（或：通风、阴凉、干燥、防异味）。

如图所示：雅安藏茶和其他类黑茶产品一样，都是在符合贮存条件的情况下方可长期贮存。

藏茶包装标识示意图（胥伟 摄）

虽然产品标识给出了明确的提示，但在执行层面，茶友们还是经常会厘不清具体什么样的贮存参数才叫符合贮存条件。通风、阴凉、干燥虽然能够理解，但在梅雨季节，茶友们用抽湿机对茶室进行抽湿时，往往不知道该将空气湿度调到多少合适。

有鉴于此，我们对空气湿度与茶叶的含水量之间的关系进行了科学研究。通过采用不同浓度浓硫酸溶液构建不同的微域空气湿度，然后将烘至恒重的茶叶置于不同的空气湿度中，每日测定茶叶含水量，经过一段时间的吸湿之后，茶叶含水量在这个特定的空气湿度下将达到吸附解吸平衡，即我们说的平衡含水率。通过采用数据统计软件进行分析，我们发现在室温条件下，当茶叶的含水量达到12%时，对应的空气湿度为88%。因此，该科学数据给我们明确的提示，在梅雨季节，当茶室的空气湿度超过88%时，我们一定要进行抽湿，否则茶叶中的含水量会因为吸附空气中的水分而增加，从而诱导茶叶中霉菌孢子的生长。

平衡含水率的科学研究给我们提供了警戒的空气湿度临界值，而在怎样的空气条件下才能更好地利于茶叶的品质转化呢？我们又做了一个有趣的实验。同样是利用不同浓度的浓硫酸溶液来营造不同的空气湿度环境，我们将散藏茶存放在这样的小的密闭空间中来模拟贮存，通过在不同湿度条件下恒湿贮存两年的时间后，我们进行了感官审评，结果很有意思：在55%~65%的空气湿度区间，散藏茶在两年后表现出了比较好的品质特征，无论是在茶汤的色泽，还是口感上的滋味以及茶汤的香气上，都表现出转化有度、滋味醇香的品质特征。这个有意思的科学研究为我们提供了比较好的贮存参数，即在日常贮存茶叶的过程中，我们将茶室的空气湿度调整到60%左右是比较好的一种条件。这个科学数据与日常许多茶友摸索出来的贮存条件也比较相近，是值得向有存茶条件的茶友们推荐的。

## （三）氧气

氧气可以与茶叶中多种天然成分相结合，使之成为氧化物。茶叶中儿茶素的自动氧化、维生素C的氧化、残留酶催化的茶多酚氧化以及茶黄素、茶红素的进一步氧化聚合，均与氧的存在有关，脂类氧化产生陈味物质也与氧的直接或间接作用有关。因此，在贮藏过程中，如能减少氧与茶叶的接触或氧的含量，将有利于茶叶品质的保持。

藏茶的后期存放需要一定的温度、湿度和氧气，忌密封，通风有助于茶品的自然氧化，同时可以适当地吸收空气中的水分，加速茶体的湿热氧化过程，也为微生物代谢提供水分和氧气。由此，藏茶需要放在通风的地方，可用皮纸等透性较好的包装材料进行包装储存。如果用塑封袋装茶品，可用茶针在袋子上扎些小洞，增加透气性，以利于茶叶后期的转化发酵。但透气的前提条件是一定要控制好茶室内的空气湿度，否则藏茶更易吸潮霉变或产生风霉味。

## （四）光

光照对茶叶品质的影响主要是促进茶叶中色素类和脂类物的氧化，从而使茶叶的色泽和香气向不利品质的方向发展，尤其对绿茶品质的影响最为明显。研究表明，茶叶贮藏期间受光照与不受光照相比较，茶叶中1－戊烯－3－醇、戊醇、辛烯醇、庚二烯醛、辛醇明显增加。这些成分中除通常因变质增加的成分外，戊醇、辛烯醇成分被认为是光照

藏茶的传统包装（陈盛相 摄）

所引起的陈味特征成分。

雅安藏茶在储藏过程中，若长时间受到太阳光照射会影响其品质，甚至使茶叶失去饮用价值和存放价值。另外，长时间受阳光照射的茶叶易有“太阳味”，后期再放置阴凉处很难将此味挥发。因此，存放藏茶时也应注意做好茶叶的“防晒”工作。尤其是散片或块藏茶，更需要防止出现“见光砖”。

## （五）茶叶包装对品质的影响

茶叶包装是指根据客户需求选用一定材料对茶叶进行包装，以保证茶叶品质、促进茶叶商品销售。好的茶叶包装设计可以让茶叶的身价提高，因此，茶叶包装已经是茶业产业中重要的环节。

茶叶是一种干燥的多孔径产品，极易吸湿受潮而产生质变，亦容易吸附异味而导致品饮愉悦感下降。当茶叶保管不当时，在水分、温湿度、光、氧等因子的作用下，会引起不良的生化反应和微生物的活动，从而导致茶叶质量的变化，因此茶叶包装是茶叶贮存、保质、运输、销售中所不可缺少的部分。但作为一类特殊商品，由于受到自身和客观条件的限制，茶叶的包装又有别于其他一般性商品的包装。

藏茶产品的包装最开始为竹篾包装，而且这种包装方式一直延续至今。还有采用皮纸、木箱等材料包装的。这种原生态的包装既无现代工业的污染，又能展现黑茶中的自然之美，使藏茶更富韵味。目前，随着边茶内销市场的深入推进，符合现代消费元素的包装形态亦在逐步采用，食品级牛皮纸内包装、瓦格楞包装箱等都已广泛采用。

## 二、雅安藏茶存放过程的品质变化

在茶学的品质化学研究中，我们习惯于感官审评和生化成分测定结合分析。四川黑茶的品质化学研究以四川农业大学茶学系齐桂年教授课题组最为系统和完善。四川黑茶主要产品为康砖茶、金尖茶、茯砖茶和方包茶，其主要的感官特征表现为：干茶色泽呈现猪肝色，茶汤红浓明亮，滋味醇和爽滑，香气陈香纯正。能呈现如此感官特征的主要生化成分分列于下：

### （一）水浸出物

水浸出物是指能被水浸泡出的物质，是茶汤的主要呈味物质。水浸出物含量的高低反映了茶叶中可溶性物质的多少，标志着茶汤的厚薄、滋味的浓强程度，从而在一定程度上反映茶叶品质的优劣。水浸出物含量的变化主要取决于茶叶内含物质发生的一系列化学变化，如水不溶性的纤维素在微生物分泌的纤维素酶作用下降解为可溶性碳水化合物，从而使水浸出物含量上升；另一方面单糖和氨基酸分别作为微生物的碳源和氮源被利用，从而使水浸出物含量减少。一般认为造成水浸出物含量下降的原因有以下几个方面：一是茶多酚及其氧化产物与蛋白质结合成水不溶性物质。二是糖类、脂类和蛋白质等其他水解产物发生褐变形成水不溶性物质。三是微生物的繁殖，消耗了大量的营养物质，从而导致水浸出物含量降低。在四川黑茶渥堆工序中，水浸出物含量下降的幅度比蒸压工序高些，这主要是在渥堆工序的高温高湿条件下，湿热作用促进了微生物的大量繁殖，消耗了过多营养物质的缘故。对于传统边销的四川南路边茶而言，因其选料较为成熟，故相较于我国其他类选料较为细嫩的黑茶而言，其水浸出物含量自然更要低些。

### （二）茶多酚

茶多酚是一类存在于茶树中的多元酚的混合物，在茶叶中则是二十多种含有酚类物质的总称，其中以儿茶素为主体成分，占多酚类物质总量的70%~80%，是决定茶叶的汤色和滋味的最主要的成分。茶多酚本身无色，但是容易发生变化，经酶促反应、氧化反应、缩合反应等，会产生我们称为的茶黄素，茶黄素进一步氧化和缩合产生茶红素，茶红素进一步氧化和缩合产生茶褐素。茶多酚与氨基酸、糖等成分互相协调、配合，使茶汤滋味浓醇、鲜爽、富有收敛性。茶多酚是一类收敛性和苦涩味较重的物质，其含量减少，有利于形成黑茶滋味醇和的风味，其与品质的相关系数达0.875。茶多酚含量在传统渥堆的前期、中期呈缓慢至快速的上升趋势，接着在渥堆中后期之后多酚含量是逐渐下降的，直到渥堆结束，多酚类总量下降至原料茶的80%~84%，其中有酯型儿茶素水解为非酯型儿茶素，更多的是由于没食子儿茶素类的氧化、聚合而使茶多酚含量降低，这可以从儿茶素组分变化看出，通过渥堆、蒸压而成的康砖成品茶，减少量最大的是L-EGC、L-EGCG、L-GCG等没食子儿茶素类，而L-ECG减少较少。康砖成品茶儿茶素总量比原料茶减少了一半以上。虽然康砖成品茶儿茶素总量不高，但是茶多酚含量较高。说明在四川黑茶的加工过程中，茶多酚变化减少的主要是儿茶素类。造成茶多酚含量下降的原因一般认为有以下几个方面：（1）茶多酚的酶促氧化反应。其酶源主要有两个，一是茶叶本身残留的内源酶，即原料中仍有少量经杀青工序未被钝化的多酚氧化酶；二是在渥堆工序中，微生物的繁殖而产生了具有相当活力的多酚氧化酶同工酶。茶多酚在酶的作用下，向着醌、茶黄素、茶红素和茶褐素的方向转化，形成了康砖茶汤色红褐的特点。（2）茶多酚的非酶促氧化反应。一是化合反应，即茶多酚与蛋白质结合生成水不溶性物质。二是酯化反应，砖茶的发酵产物含有大量的有机酸，因此茶多酚与有机酸反应生成相应的酯类物质，从而使茶多酚含量下降。

在许多黑茶类产品的研究中，茶多酚的含量都随着贮存时间的增加而减少。这可能与茶多酚氧化及与其他类物质结合生成不溶性物质有关。在贮存过程中，各类儿茶素的含量不断变化、含量持续的波动，但是随着贮存时间的增加，儿茶素类的总含量是呈现下降趋势的，特别是酯型儿茶素明显下降。下表呈现了广东省农业科学院茶叶研究所乔小燕副研究员对各年份的康砖茶测定结果（其中样品编号的后四位为生产年份）。

不同贮藏年份康砖茶茶多酚和儿茶素组分含量分析

Polyphenols and catechins analysis of different aged Kang brick teas(mg/g Dry weight;%)

| 样品 | YA2015 | YA2010 | YA2006 | YA2001 | YA1993 |
|---|---|---|---|---|---|
| GA | $38.92 \pm 2.76^{b}$ | $19.25 \pm 2.27^{d}$ | $23.25 \pm 1.74^{c}$ | $35.82 \pm 1.26^{b}$ | $45.46 \pm 5.27^{a}$ |
| EGCG | $13.37 \pm 0.53^{a}$ | $8.97 \pm 0.54^{ab}$ | $2.73 \pm 0.12^{c}$ | $4.93 \pm 1.03^{c}$ | $6.78 \pm 1.88^{ab}$ |
| CG | $3.12 \pm 0.12^{a}$ | $1.98 \pm 0.11^{b}$ | $1.60 \pm 0.03^{c}$ | $1.58 \pm 0.18^{c}$ | $1.73 \pm 0.05^{c}$ |
| GCG | $3.90 \pm 0.37^{a}$ | $1.25 \pm 0.14^{b}$ | $0.35 \pm 0.40$ | $0.27 \pm 0.08^{c}$ | ＜0.033 |
| ECG | $1.35 \pm 0.12^{a}$ | $0.20 \pm 0.05^{b}$ | ＜0.003 | ＜0.003 | $0.20 \pm 0.16^{b}$ |

续表

| EGC | 4.56±0.72[a] | 2.20±0.23[b] | — | 1.78±0.26[b] | 2.38±0.68[b] |
|---|---|---|---|---|---|
| C | 0.53±0.10[a] | 0.21±0.04[b] | 0.24±0.00[b] | ＜0.003 | 0.23±0.03[b] |
| EC | 1.75±0.11[a] | 0.50±0.05[b] | ＜0.006 | ＜0.006 | 0.11+0.15[b] |
| GC | 11.63±0.39[a] | 8.33±0.59[b] | — | — | — |
| 茶多酚/% | 3.25±0.54[a] | 3.10±0.44[a] | 2.59±0.15[a] | 3.14±0.98[a] | 2.93±0.40[a] |

注：表儿茶素（EC）、表儿茶素没食子（ECG）、表没食子儿茶素（EGC）、表没食子儿茶素没食子酸（EGCG）、儿茶素（C）、没食子儿茶素（GC）、儿茶素没食子酸（CG）、没食子儿茶素没食子酸（GCG）和没食子酸（GA）。

## （三）氨基酸

氨基酸是茶叶重要的滋味物质，对茶叶质量呈现十分重要。氨基酸是赋予茶汤鲜爽宜人滋味的主要物质。氨基酸既是茶叶的呈味物质，又是茶叶香气的重要基质。茶叶中氨基酸的种类较多，主要是茶氨酸，相对含量较高。茶氨酸不仅是影响茶叶品质的重要鲜味剂，而且具有独特的药理学效应，可降低咖啡碱对中枢神经系统的抑制，对黑茶品质形成有着举足轻重的作用。茶叶中的游离氨基酸一部分来源于原料，一部分来源于茶叶加工过程中蛋白质的水解。四川边茶加工过程中氨基酸总量在渥堆的前期变化不明显，当进入渥堆中期时，氨基酸总量是明显下降的；在渥堆后期呈明显上升的趋势，直到渥堆结束。从边茶加工过程可以看出，内含物成分变化最明显的阶段在渥堆阶段，这主要是由于一方面在湿热作用和微生物作用下促使细胞壁的通透性加大以及茶叶中蛋白质的水解，从而使得水浸出物和氨基酸的含量增加；另一方面氮基酸作为微生物主要的氮源被消耗，氨基酸在酶的催化下产生脱氨作用和脱羧作用，转化为挥发性或非挥发性芳香物质，使氨基酸含量降低。随着蒸压工序的进行，氨基酸在湿热作用下脱氨、脱羧进一步转化为香气等物质而含量降低，出现成品茶比渥叶氨基酸含量低的现象。在康砖茶主要工序中，氨基酸含量的变化虽然有所波动，但总趋势是减少的。茶树中氨基酸多集中于嫩梢中，老叶含量较低，因此级别愈高的茶叶，氨基酸含量也愈多。藏茶由于生产原料相对比较粗老，因此其氨基酸的含量相对于其他茶类较少。

茶叶在存放过程中，氨基酸容易与茶多酚类的氧化物质结合，生成暗色聚合物，使茶叶丧失原有的滋味。因此，雅安藏茶在贮藏过程中，其氨基酸的含量变化十分明显。在藏茶贮存初期，藏茶中的可溶性蛋白等会分解成氨基酸，茶多酚与氨基酸结合生成的不溶性物质也会分解；氨基酸能与茶多酚的自动氧化物醌类结合形成暗色聚合物，影响茶叶的色泽和茶汤的明亮度。贮存初期虽然有氨基酸的氧化分解反应发生，但可溶性蛋白质水解为游离氨基酸的速度明显更高，又有氨基酸与茶多酚结合的不溶性物质的分解，因此氨基酸含量会有上升现象。随着贮存的延长，水溶性蛋白质的分解速度逐渐减缓，而游离氨基酸氧化分解的速度逐渐提高，氨基酸的总量便随着贮存年份的增加而逐渐减少至最终分解殆尽。因此，雅安藏茶在贮藏过程中，随着时间的延长，氨基酸的总量明显减少。

## （四）糖类物质

茶鲜叶中的糖类物质，包括单糖、寡糖、多糖及少量其他糖类。单糖和双糖是构成茶叶可溶性糖的主要成分，具有甜味，茶叶中的多糖类物质主要包括纤维素、半纤维素、淀粉和果胶等。水溶性糖是茶汤甜味的主要成分，能缓解茶汤中苦涩味物质茶多酚、咖啡碱的刺激性作用，使茶汤滋味更加甜醇，这部分糖含量越高，茶叶滋味就越甘醇。原果胶是构成茶树叶细胞中胶层的物质，由果胶素与多缩阿拉伯醛糖结合而成，在原果胶酶作用下分解为水化果胶素。由于果胶具有黏稠性，因此溶于水的果胶物质可增加茶汤滋味，是茶汤具有“味厚”感和茶汤浓稠度的主要物质。在砖茶渥堆前期可溶性糖呈明显的上升趋势，进入渥堆中期，可溶性糖含量呈缓慢下降的趋势，在渥堆后期，渥堆叶的可溶性糖含量仍然是缓慢下降的，整个曲线呈单峰曲线。这种波动与微生物繁殖的由盛转衰有关，是微生物利用糖类作为碳源进行同化作用的结果。

藏茶在贮存过程中可溶性糖的含量一般都会上升，其原因在于贮存期间由于微生物的分解作用，使茶叶中的果胶、纤维素等转化为可溶性糖类物质，但是如果经过数年的长期贮存，茶叶中可被分解的大分子糖类物质被分解完全，则可溶性糖的生成速度小于分解速度，其含量便呈现显著的下降趋势。尤其在空气湿度高的地区，由于微生物的作用，导致同批产品经一定时期的存放后，其可溶性糖含量要显著低于空气湿度低的地区。

## （五）咖啡碱

咖啡碱是茶叶中含量最多的一类生物碱，为茶叶极其重要的特征成分之一。其含量一般占干物重的2%~5%，是构成茶汤的重要滋味物质，与黑茶品质呈正相关。在砖茶初制过程中，咖啡碱含量无明显差异，这可能是由于咖啡碱本身性质比较稳定。同理，藏茶存放过程中，因其性质较为稳定，咖啡碱含量并不会像儿茶素那样有较大变化，而是维持在一个比较稳定的含量水平，其变化幅度不大。

### （六）水溶性色素

黑茶主要色素物质有茶黄素、茶红素、茶褐素，目前认为这三种色素是茶多酚的主要水溶性氧化产物。茶黄素是构成茶汤“亮”的主要成分，茶红素是茶汤“红”的主要成分，茶褐素是茶汤“褐 ”的主要成分。黑茶由于渥堆时间长，茶多酚氧化程度深，茶黄素、茶红素的积累较红茶的少，这两种色素进一步氧化聚合成茶褐素，因此黑茶中茶褐素变化较为明显。尤其是随着存放时间的延长，儿茶素发生自然氧化，茶褐素含量进一步增加。因此表现为随着存放时间的延长，藏茶汤色愈发红浓明亮。

### （七）香气成分

茶叶中的芳香物质是种类繁多的挥发性物质的总称，它的含量并不多，但组成极其复杂，各种茶类的香气由于挥发性物质组成的不同也各具特色。黑茶中的挥发性物质分为碳氢化合物、醇类、醛类、酮类、酯类、内酯类、羧酸类、酚类、杂氧化合物、含硫化合物和含氮化合物十类，又以芳香醇类、酮类、酯类和碳氢化合物为主。不同类型的香气物质，含有不同的发香基团如羟基、酮基、醛基、酯基等，因此具有不同的香气特征，如醇类物质含量高但易挥发，醛类物质有的强烈刺鼻，有的香气较好，酮类物质是构成花香的重要物质，等等。各类黑茶又各具特色，广西六堡茶的槟榔香，茯茶的菌花香，普洱的特殊陈香，而陈香和油脂香则是藏茶独特而又有魅力的特质香气。

藏茶在贮藏期间，其挥发性成分中的萜烯类物质会不断地发生结构上的变化，形成各种各样的同分异构体，从而使不同贮藏条件下的茶叶有了其独特的香型。并且随着贮藏时间的增加，茶叶的香气组分不断地变化，所呈现的总体的香气也会发生很大的变化。一般情况下，随着陈放时间的延长，雅安藏茶将依次出现陈香—木香—参香—药香。

## 三、藏茶的存储方法

由于茶叶具有吸湿吸异味的特性，因此不建议日常饮用藏茶的居民大量囤积藏茶产品。如若日常家庭确实存有一定量藏茶产品时,无论是期望通过囤积达到增值的目的,还是达到提升品质风味的目的,都需要严格把握仓储环境,具体要求如下:

### （一）场所的选择

有条件者自备具有食品存储资质的仓库进行存储,如果家庭自存,需选择一个干净无异味的场所，用食品包装级的纸箱密封保存。

### （二）保持干燥

茶包（箱）与地面要通过木质栅栏状仓库底板进行隔开，茶包（箱）与墙壁也要间隔一定的距离，防止水汽在茶包（箱）底部凝结而导致茶叶吸湿回潮，以致霉变。

### （三）日常的维护

严格维护仓储环境的空气温度和湿度，建议室内温度控制在室温条件25℃左右，湿度控制在60%RH左右。过高或过低都不太利于茶叶品质的转化。经常保持室内空气的流通，但要防止异味的流入给茶叶带来不利的影响。茶叶切忌阳光直射，否则会因为紫外线照射改变茶叶内含成分，从而产生不利的品质转化，俗称“见光饼”。

## 四、藏茶的收藏

时间证实一切，因为它改变一切。藏茶产品在一定的年限范围内和适当的储存条件下，存放时间越长，其品质转化越到位。因此，藏茶的收藏不仅可以提质增效，而且具有投资价值。广东省东莞市作为全国黑茶的集散地和收藏中心，藏茶的收藏量是仅次于普洱茶的第二大黑茶产品，足可见藏茶独特的市场价值。如果读者有机会去广州芳村茶叶市场走一走，就会发现许多黑茶经销店内都存有老藏茶产品——那些黑乎乎的用牛皮做包装的成箱藏茶静静地垛叠在一起，等着有资本的收藏家前来请走！随着国家质检中心对氟含量管控的愈加严格，传统藏茶的生产几乎已被暂停，市场存有的传统藏茶产品将越来越稀少。无论从品饮的角度出发，还是收藏的角度而言，在符合自己经济能力的基础上，适量地收藏一些传统的黑茶产品是值得的。下面，我们将简要讲一讲藏茶的收藏故事及历史上曾出现过的藏茶产品。

### （一）藏茶的收藏故事

在全国藏茶收藏家里面，广东最为著名；而广东省，东莞和中山这两个城市号称“藏茶之乡”，那里收藏、储存的藏茶最多，有个别人贮藏数十吨。至于深圳，藏茶的收藏刚刚起步，已有人开始大手笔运作了。

2007年香港苏富比拍卖行曾经拍卖一件牛皮包装的一包藏茶，是1958年生产的，30公斤装，起拍价48万元，最终以90万元成交。2009年，在广州白天鹅宾馆拍卖20世纪60年代的藏茶，最终以每包50万元成交。1992年雅安茶厂出产的藏茶，现在的价格已经被持续推高，达到每包3.8万元，行情仍在上涨中。

解放以后，雅安藏茶的生产和入藏一直得到高度重视，1950年5月，国营公司直接向雅安18家茶商订购17.2万包茶叶，组织入藏；1985年2月，雅安茶厂受中央代表团和国家民委的委托，历时72天，完成为庆祝西藏自治区成立20周年生产的40万份印有“中央代表团赠”的康砖和金尖礼品藏茶，由中央代表团赠送给西藏每户牧民。如今那批康砖已经难寻了，因为大多已经被消费掉了，偶尔出现，价格已高得令人咋舌。有鉴于此，2005年西藏自治区成立40周年时，雅安茶厂又出了10万份茶砖，除了赠送给藏族群众一部分外，茶厂也搞起了市场经济，对外销售，价格也不低，结果被广东的两三个收藏家把仓库里剩余的茶砖全部买下了。这批茶砖未来的市场走势应该会十分坚挺，时下人们最看好的是康砖和金尖。

“山间铃响马帮来”，千百年来，那些政府或民间的千百万商人与民夫们，要涉过汹涌咆哮的河流，攀过巍峨的雪峰，非常人所敢体验，马帮中盛传“正二三，雪封山；四五六，淋得哭；七八九，稍好走；十冬腊，学狗爬”，至今还在述说往昔那些艰难困苦的景况。川茶就是在这艰苦的条件下运至藏区各地的，川藏茶路就是汉藏人民在这样艰苦条件下开拓的。

雅安不仅是茶马古道上藏茶入藏的起点，这里还是藏茶的核心产区。雅安境内有座蒙顶山，西汉时期有位叫吴理真的道士在蒙山收集野茶，种下七株仙茶，取甘露井水熬煮，创造了“茶”这个流芳百世的饮品，吴理真自然也就成了传说中的茶圣，这个茶圣要比唐朝的陆羽早上八百多年。蒙顶山盛产品质极佳的茶叶，这就让雅安成为藏茶生产中心及茶马交易的集散地，同时又集中了来自四川泸州、宜宾、灌县（今都江堰市）、重庆等地和一部分云南的原料茶，于此集结转运，规模空前壮大。历史上运送藏茶的马帮在古雅州集结时，最多时可达三千壮丁，两千驮马，几乎每年都有15 000匹以上甚至多达20 000匹马在雅安成交。

近年来，藏茶的收藏为什么会悄然火起来？笔者分析主要有以下几方面的原因。一是云南普洱茶的持续炒作导致黑茶“越陈越香”的特性深入人心，从属于黑茶大类，且有着黑茶鼻祖之称的雅安藏茶自然逃不过老茶收藏圈儿的火眼金睛。二是出自雅安蒙顶山的藏茶能够让地处高寒地区、长年吃肉的藏族群众千百年来一直喜好，必有它内在的道理，也就是这种茶叶至少有能够去油脂、软化血管的功效。现代医学也证明了长饮藏茶能够辅助治疗亚健康、高血压、糖尿病等城市病，这种消费品价格当然是一路上涨的，收藏者和商家当然不会错过拿货的机会。三是藏茶比起爆炒过的普洱、龙井、大红袍来说，价格处于低洼地带，原因是2000年以前，雅安茶厂的产销还是沿用统购统销的做法，销往藏区茶砖的价格异常得低，2000年之后，雅安茶厂开始搞活经营，价格虽然上来一些，但还是十分低，如今一些聪明商人已经开始介入，大量地“吃货”。至于收藏者，更为关注的则是陈年茶砖，因为藏茶是深度发酵的黑茶，它存放的时间越久，味道越醇厚、干爽、陈香显，年份越久的藏茶，其经济价值就越高，所以陈年藏茶是越久越好，具有非常好的收藏价值。

## （二）市场难得一见的藏茶产品

### 1. 清代团茶

清代时期雅安的茶号生产的产品，距今已经有一百年至三百多年历史。

清代团茶（赵以桥 摄）

### 2. 民国柯罗茶

民国时期“中茶公司”生产的产品。民国31年（1942年），中国茶叶公司在雅安成立，是国民党中央政府官办的公司。1951年并入第一茶厂，1958年并入雅安茶厂。

民国柯罗茶（赵以桥 摄）

### 3. 红军茶

1935年，红军长征飞夺泸定桥后，进入雅安天全、芦山、宝兴等地。据民间传说，民众为红军提供了当地特产的藏茶和熬茶方法，帮助红军恢复了体力，克服了高原反应，翻越了夹金山。

红军茶（赵以桥 摄）

### 4. 18军茶

1950年，中国人民解放军18军进藏，邓小平说：18军进藏，藏族要吃茶。在藏族生活中，最紧要的是茶叶。要把茶叶给藏民送进去。18军拿出大量资金，几乎收完了当时雅安全部的库存。18军的车队满载着断货已久的藏茶沿着刚刚修复的公路源源不断地运送到藏区，赢得了藏民们的支持，支持了在缺氧高原行军作战的部队指战员和平解放了西藏。这批茶包后来被民间称为“18军茶”。

18军茶（赵以桥 摄）

5. 团结砖茶

团结砖茶机压砖茶产于20世纪70年代，当年雅安茶厂响应毛主席“自力更生”的号召，自主研发，自主创新，自制设备，开创了规模化加工藏茶的先河，是现代机制砖茶的先驱，具有划时代的意义。

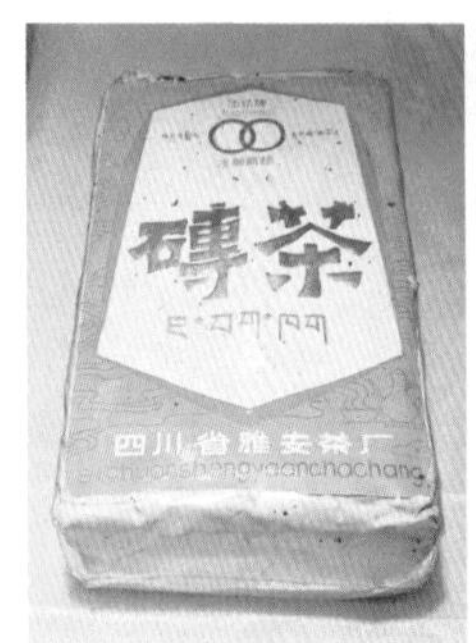

团结牌砖茶（赵以桥 摄）

6. 中央茶

1985年西藏自治区成立20周年，中央代表团委托雅安茶厂选配周公山茶区上等本山茶原料，定制了40万份康砖和金尖礼品茶，印有“中央代表团赠”字样，赠送西藏40万户农牧民家庭，被藏民感恩地尊称为“中央茶”。

中央茶（赵以桥 摄）

7. 现代藏茶产品

随着时代的发展，藏茶产品现在不仅仅是仅供边疆少数民族地区，很多茶叶爱好者都开始对这个神秘的藏茶越来越感兴趣了，随着市场的扩增以及消费群体的多样化，藏茶的产品也开始变得丰富多样，更加符合现代人的消费观念。

现代藏茶产品（赵以桥 摄）

年份较长的藏茶产品（赵以桥 摄）

藏茶茶砖（陈盛相 摄）

## 第八篇

# 品饮——藏茶的品鉴与冲泡

藏茶，历史上是传统的边销茶，作为延续了千年并依然保持勃勃生机的茶类，藏茶孕育了其独特的历史文化。对于质朴奔放的边疆游牧民族而言，繁琐的茶艺不符合他们的性格，简单、便捷的冲泡（煮）方法是展现藏茶之美最直接的方式。

# 一、藏茶的品饮要求

何为泡茶？泡茶就是用开水浸泡成品茶，使其成为茶汤的过程。明代许次纾在《茶疏》中说："茶滋于水，水借于器，汤成于火，四者相须，缺一则废。"要泡好一杯茶，要做到以茶配具、以茶配水、以茶配艺，使这三个重要因素在整个泡茶过程中得到恰如其分的运用，体现出"神、美、智、均、巧"的精神内涵，只有这样，我们才能真正领略到茶文化的精髓和品茶的乐趣。

## （一）冲泡之水

水，在中国古代文人的心目中有着崇高的地位。孔子认为，水具有九种美好的品行，它是"德、义、道、勇、法、正、察、善、志"美好品德的体现，并说"是故君子见大水必观焉"（《荀子·宥坐》）。老子说："上善若水，水善利万物而不争。"庄子《天道》载曰："水静则明烛须眉，平中准，大匠取法焉。水静犹明，而况精神。"水中之道实在是玄妙深奥。

谈到沏茶泡茶，古人认为，好茶尚须好水冲，水为茶之母。明代张大复《梅花草堂笔记》中载曰："茶性必发于水。八分之茶遇十分之水，茶亦十分矣；八分之水试十分之茶，茶只八分耳。"可见水对茶是多么得重要。世传"扬子江中水，蒙顶山上茶"、"龙井茶，虎跑水"，说的就是这个道理。

陆羽在《茶经·五之煮》中对择水有详尽的论述：其水，用山水上，江水中，井水下。（《荈赋》所谓："水则岷方之注，挹彼清流。"）其山水，拣乳泉、石池慢流者上；其瀑涌湍漱，勿食之。久食令人有颈疾。又，多别流于山谷者，澄浸不泄，自火天至霜郊（"郊"当为"降"）以前，或潜龙畜毒于其间，饮者可决之，以流其恶，使新泉涓涓然，酌之。其江水，取去人远者，井水，取汲多者。

陆羽告诉我们，择水以山泉最佳，江河水次之，井水最差，其原因是山泉水往往是软水，泡茶茶汤清澈，滋味鲜爽，易发茶香。此外，历代文人多有取初雪之水、朝露之水，除却雪水、朝露质佳宜茶外，其雅致高韵则象征着古代文人洁身自好、不与俗流的情操。唐代白居易《晚起》诗曰“融雪煎香茗”，宋代辛弃疾《六幺令》词曰“细写茶经煮香雪”。宋代李虚己《建茶呈学士》诗曰：“试将梁苑雪，煎动建溪春。”元代刘敏中则曰：“旋扫太初岩顶雪，细烹阳羡贡余茶。”然而不论取何处水，均需符合“清、活、轻、甘、冽”的标准。

清，是指水质无色透明，清澈可辨，这是古人对水质的最基本要求。

活，是指水源有流。宋代唐庚《斗茶记》载曰：“水不问江井，要之贵活。”南宋胡仔在其《苕溪渔隐丛话》中载曰：“茶非活水，则不能发其鲜馥。”但陆羽反对用急瀑湍流，认为喝了脖子要生病。古人认为瀑布气盛而脉涌，无中和醇厚之气，与茶的内敛平和的精神不相合。

轻，是指轻水。古人对水质要求轻，其道理与今天科学分析的软水、硬水有关。软水轻，硬水重。硬水中含有较多的钙镁离子，因而所沏茶汤滋味涩舌，汤色暗昏。据说清代乾隆皇帝每次出巡必带上一只银质小方斗，精量各地泉水，结果北京玉泉山泉水最轻，也就是内含杂质最少，因而赢得“天下第一泉”的美誉。此后，乾隆每次外出，都要带上玉泉山的泉水泡茶。

甘，是指水的滋味。好的山泉，入口甘甜。宋代杨万里有诗曰“下山汲井得甘冷”。宋代蔡襄《茶录》中载曰：“水泉不甘，能损茶味。”明代罗廪《茶解》中载曰：“梅雨如膏，万物赖以滋养，其味独甘，梅后便不堪饮。”水甘，易助茶性抒发，而梅雨寒雪之水，古人称之为天泉，均是纯粹的软水，沏茶自然是上品。

冽，就是冷而寒的意思。古人十分推崇冰雪煮茶，所谓“敲木章茗”，认为用寒冷的雪水、冰水煮茶，其茶汤滋味尤佳。正如清朝文人高鹗的《茶》诗曰：“瓦铫煮春雪，淡香生古瓷。晴窗分乳后，寒夜客来时。”

山泉水是比较好的泡茶用水，因为这种水大多来自地下，经岩石砂砾的自然过滤，清澈洁净，不少其中含有二氧化碳等有益成分，用于烧水泡茶格外清冽。

古往今来的实践证明，好茶没有好水，就不能把茶的品质发挥出来，但有了好水，煮水不到家，火候掌握不好，也无法显示出好茶、好水的风格，甚至还会使茶汤变味、茶色走样、茶味趋钝。因此，煮水也是大有讲究的。

### 1. 煮水燃料的选择

掌握两点：一是燃烧性能要好，产生热量要大，做到急火快煮；二是燃烧物不能带有异味和冒烟，否则会污染水质。现代煮水燃料性能较好、污染较小的有煤气、酒精、电等，既清洁卫生又简单方便，还能达到急火快煮的要求。

### 2. 煮水器的选择

煮水器要注意质地和材料，要选择不会产生过多杂质的容器，如铁壶不宜煮水泡茶，铁壶常含铁锈水垢，用来泡茶，会影响茶汤的鲜爽。

现代社会，煮水常用金属铝或不锈钢壶，也有的用玻璃、陶瓷或水晶材质的壶，这些都是比较好的煮水器。

另外，煮水器的洁净度也很重要，必须做到专用，否则泡茶用水会沾上其他味道。选择煮水器还要考虑容器的大小、器壁厚薄、传热性等。如果容器过大、器壁过厚，传热差，烧水时间就会拉长，使水质变钝，用于泡茶时会失去鲜爽茶味。

### 3. 煮水的程度

煮水泡茶切记要急火快煮，不可文火慢烧。另外，水不要烧得过老或过嫩，水沸即离火，不宜长时间煮沸，否则泡茶风味不佳，且会产生亚硝酸盐，有损健康。陆羽在《茶经》中称："其沸，如鱼目，微有声，为一沸；缘边如涌泉连珠，为二沸；腾波鼓浪，为三沸。已上，水老，则不可食也。"与此同时，需要各位茶友注意的是：现代社会的自来水则一定要烧沸。

## （二）冲泡器具

古语说"器乃茶之父，水乃茶之母"，可见茶具对于泡茶的重要性。"美食需要美器配"，饮茶同样应选择相宜的茶具，以便更能够衬托出茶叶的色与形，保持住茶叶的香与味。同时，茶具本身的质地、色泽、图案等蕴含的艺术内容，可陶冶性情，增长知识，增添品茗的情趣。

### 1. 纯银茶具

想冲泡出一杯好喝的藏茶，茶具的选择十分重要。同时冲泡藏茶对水温也有很高的要求，由于藏茶选料较为成熟，所以水温一定要高才能将藏茶的茶味完全泡出。而纯银茶具是以银所制，有很强的导热性，能迅速散发热量。使用纯银茶具冲泡黑茶是绝佳选择。用纯银茶具冲泡黑茶对身体健康也非常有好处，纯银茶具可以释放出银离子，藏茶在存放过程中或多或少会吸附异味，纯银茶具消除茶叶异味，改善茶叶品质，可获得更好的口感。使用纯银茶具冲泡黑茶，水质会变软，冲泡出来的茶汤也会变得好喝；涩减韵长，和顺温润，对茶叶的韵味香醇表现更充分。

### 2. 盖碗

日常最便利及最快捷的冲泡藏茶的茶具当属盖碗无疑了。盖碗的款式众多，外形漂亮，因其包容性和多变性广受茶友们的喜爱。不管是原料选用较嫩的新式藏茶，还是选料较为成熟的传统藏茶，都适用盖碗来冲泡。

3. 紫砂壶

用紫砂壶来冲泡藏茶是一个不错的选择，它可以与藏茶达到相辅相成的效果。根据科学分析，紫砂壶有保存茶汤原味的功能，它能吸收茶汁，而且具有耐冷耐热的特性。利用紫砂壶冲泡藏茶，可以提升藏茶的香气，并使滋味更加醇厚，特别适合有年份的老藏茶。

## 二、传统藏茶的鉴别

### （一）看干茶

看形和表，砖面平整，色泽乌褐油润，圆角清晰，棱边分明，手持有重实之感，呈褐黑色，闻之有独特的油香，此为好茶。反之，叶片受损，韧性差，砖体起层起泡，表面黯淡无光，均为品质不好。

### （二）观汤色

用滚沸水冲泡藏茶时，会溢出琥珀红的茶汤，由浅而深，随之一股浓浓茶香会扑鼻而来。茶汤红是藏茶的基本特征，关键是要看茶汤不仅要红，而且要透亮，有晶莹剔透之美，纯正的藏茶汤色带有橙黄或橙红而透亮（因冲泡方式不同，茶汤色泽常呈现由橙黄到红浓的色泽，但不管呈现出何种汤色，亮度一定是要保证的）。反之，茶汤红里带黑的、浑浊的、暗淡的均不算好茶。

### （三）闻香气

藏茶有浓郁的陈香和油香，如果保存得当，可历经多年而不衰减，并在贮存过程中表现出转化后特有的木香和参香。所以通常情况下，只要能闻到浓郁的茶香，均可视为好茶。反之，如果闻不到茶香，并伴有霉味，或其他不纯的味道，则不可称为好茶。

### （四）品茶味

品茶是双重的，嘴里品滋味，鼻里闻香味，藏茶的味道很难用准确的词来描述，虽然我们平时说滋味醇和、厚重、甘爽、回甘等，其实难尽其妙，实际上，味觉系统感受到的，远比我们描述的要深刻得多，乐意接受，就可谓之好茶。反之，喝着有怪味、闻着有异味、嗅觉生排斥、味觉难接受，自然就算不上好茶了。

## 三、藏茶常见的冲泡方法

### （一）茶道（盖碗）冲泡法

（1）将藏茶置入盖碗，约5克（若盖碗较大或个人喜好浓茶，可适量增加投茶量）；

（2）将刚煮开的沸水注入盖碗中，片刻，弃去第一道茶水；

（3）再次注入沸水，水没茶叶，盖上盖碗，静置约30秒；

（4）滤出茶汤入公道杯，一杯红、浓、醇、陈的上好藏茶就冲泡好了。

### （二）滤杯冲泡法

（1）将藏茶置入滤杯中，约5克（若个人喜好浓茶，可适量增加投茶量）；

（2）将刚煮开的沸水注入滤杯中，水没茶叶；

（3）片刻，拿出滤杯，弃去第一道茶水；

（4）再次注入沸水，水没茶叶，盖上杯盖，静置20秒左右；

（5）打开杯盖倒置，取出滤杯，稍稍滴去茶汁，置于杯盖内；

（6）一杯红、浓、醇、陈的上好藏茶就泡好了。

藏茶是非常耐泡的，在将喝完第一道时，您可以将滤杯放回茶杯中，同样再次注水，盖上，静置小会儿，第二杯藏茶又泡好了。第二泡和第三泡的茶汤可以混着一起喝，综合茶味，以免过浓。

### （三）飘逸杯冲泡法

飘逸杯的独特构造：一个飘逸杯由外杯、内杯和杯盖组成。外杯是玻璃的，内杯是一个带阀门的高温塑料小杯，内杯带有滤网和阀门开关，只有打开阀门时，内杯中的茶汤才会通过滤网从内杯下方流到外杯中。

（1）将藏茶置入内杯中，约5克（若个人喜好浓茶，可适量增加投茶量）；

（2）第一泡：将沸水冲入杯中，由于阀门是关闭的，茶汤只能在内杯中浸泡茶叶，这第一泡也叫洗茶，和功夫泡法原理相同；

（3）打开阀门：迅速按动开关打开内杯阀门，让茶汤流到外杯中；

（4）用第一泡茶汤涮洗外杯然后倒掉，有助于提高藏茶的醇厚味道；

（5）第二泡：再次冲入沸水泡茶，依据茶汤浓度掌握冲泡时间，一般约为30秒至1分钟；

（6）出汤：按动开关打开内杯阀门，让茶汤流到外杯中，若汤量不够还可再次冲泡，多次出汤；

（7）出汤完毕即可将外杯中的茶汤斟入品茗杯中品饮。

### （四）藏茶专用煨茶壶熬煮法

选用针对藏茶特性的专用电煨茶壶，选择煨茶壶不同的自动化煨茶程序进行煨茶即可。不同使用者依据各自的口感或多或少投入藏茶，煨茶壶在现代都市办公生活使用普遍，方便快捷，深受都市办公人士追捧。

## 四、藏茶冲泡的关键

（1）藏茶用量：要泡出好喝的藏茶，一要熟悉藏茶的品质、年份和藏茶的老嫩程度。二是掌握好每次用量多少，主要根据藏茶种类、茶具大小、个人饮用习惯而定，并无统一标准。三关键是掌握藏茶与水的比例，一般茶水比是1∶50，也可根据个人口味，茶多水少，味浓；茶少水多，味淡。

（2）水温：泡藏茶水温的掌握，是根据藏茶品质来决定的。一般用100℃的沸水冲泡；若是一芽二、三叶的高品质的藏茶，冲泡水温应控制在90℃左右为宜（水要达到沸点后，再冷却至所要的温度）。这样茶汤才会鲜活红浓明亮，滋味醇和、醇厚爽口。

（3）时间：藏茶冲泡时间和次数，差异很大，与藏茶加工工艺、种类、水温、茶叶用量、饮茶习惯等都有关系。水温之高低和藏茶用量的多寡，也连带影响冲泡时间之长短。水温高，用茶多，冲泡时间要短；反之则冲泡时间要长。但是，最重要的是，以适合饮用者之口味为主。

## 五、调饮茶

藏茶主要是供给边疆的少数民族地区。由于民族和地区的不同形成了不同的饮茶风俗，但少数民族地区都具有相类似的饮茶特点，那就是调饮，但调饮的方式也存在着一些差异，藏区同胞多以酥油茶、清茶、甜茶等方式饮用，而新疆和内蒙古地区的同胞则是饮用奶茶。

### （一）酥油茶

藏茶在藏区饮用的方法上，最常见的就是打酥油茶，整个藏区都有这种共同的饮法。

酥油茶是藏区最具有特色的高级饮品，藏家待客都要用酥油茶，外加青稞酒、奶饼子和牛羊肉等。客人饮用酥油茶时最少也要喝三碗，如果太少就不礼貌，藏区有着“一碗成仇人”的说法。客人喝得越多主人就越高兴。

酥油茶做法如下：

第一步：制作浓茶汁。在锅中加300mL的水，煮沸，用刀切3到5克碎茶砖放入沸水中，熬煮数分钟至茶水变黑。

第二步：将煮浓后的茶汤趁热过滤到一个叫“将通”的木桶中，加入酥油和少量的食盐，还可加入核桃仁、花生、芝麻等其他作料。

第三步：用木杵放入将通内反复用力抽提，向下时不能太快和用力太猛，否则，茶汤会喷出来，向上时用力提，使茶汤和溶化的酥油快速地流向将通底部，让茶汤

现代酥油茶的电动打茶熬制（毛娟 摄）

酥油茶制作的全过程：先将砖茶熬成备用的浓茶汁倒入锅中；加入酥油、盐巴；打茶；过滤茶渣；倒茶饮用。

和酥油充分混合。

## （二）清茶

藏区的清茶和我们所理解的清茶不一样，他们所饮的清茶则是需要加点盐在茶水里面。饮清茶在藏区也是一大特色，有俗语说道："茶无盐，水一样。"清茶还可以用来做"骨汤茶"、"面茶"、"油茶"等。

## （三）维吾尔族奶茶

新疆维吾尔族有喝奶茶的习俗。西北属于高寒地区，肉食较多，蔬菜很少，奶茶可以帮助消化，是一种可口而富有营养的饮料。从事牧业生产的少数民族群众由于早出晚归，往往一天中只在家里做一顿晚饭，白天在外，只随身带简便炊具，烧上奶茶代饭，一天要喝好几次奶茶。他们每喝一次奶茶，都讲究喝足、喝透，喝到出汗为止。喝奶茶时，附带吃一些炒米、奶油、奶皮子、奶疙瘩、馕和肉等食品。一般在家招待客人时，也是先烧奶茶，附带吃一些奶制品和面制品，然后再煮肉做饭，让客人喝足吃饱。在喝奶茶时宾主边喝边聊天，客人若喝够了，吃饱了，可将右手五指分开，轻轻在茶碗上盖一下，并表示谢谢。主人即心领神会，不再为你添奶茶。

维吾尔族奶茶做法如下：

第一步：先将砖茶捣碎，放入铜壶或水锅中熬煮。

第二步：待茶汤烧开后，加入鲜奶继续熬煮，沸腾时不断用勺扬茶，直到茶乳充分交融。

第三步：将茶渣除去，加入少量食盐，搅拌均匀，即可饮用。也有不加盐的，只将盐放在旁边，每个人根据自己口味添加。

## （四）蒙古族奶茶

蒙古奶茶，蒙古语称"苏台茄"，是流行于蒙古族的一种饮品，由砖茶煮成并带有咸味。喝此种奶茶是蒙古族的传统饮食习俗。除了解渴外，喝茶也是补充人体营养的一种主要方法。蒙古族视茶为"仙草灵丹"，过去一块砖茶可以换一头羊或一头牛，草原上有"以茶代羊"馈赠朋友的风俗习惯。在蒙古族牧民家中做客，也有一定的规矩。首先，主客的座位要按男左女右排列。贵客、长辈要按主人的指点，在主位上就座。然后，主人用茶碗斟上飘香的奶茶，放少许炒米，双手恭敬地捧起，由贵客长辈开始，每人各敬一碗，客人则用右手接碗，否则为不懂礼节。如果你少要茶或不想喝茶，可用碗边轻轻地碰一下勺子或壶嘴，主人就会明白你的用意。在内蒙古草原，只要是蒙古族，就有喝奶茶的习惯。

蒙古族奶茶的制作方法如下：

第一步：把砖茶（青砖茶或黑砖茶）打碎，将洗净的铁锅置于火上，盛水2~3kg。

第二步：烧水至沸腾时，加入打碎的砖茶50~80g。

第三步：当水再次沸腾5分钟后，掺入牛奶，用奶量为水的五分之一左右，稍加搅动，再加入适量盐巴。

第四步：等到整锅咸奶茶开始沸腾时，茶香、奶香四溢，咸奶茶煮好了，即可盛在碗中待饮。

# 第九篇

## 功效——大众健康的守护神

清《钦定四库全书·格致镜原》所引《本草》:“神农尝百草，一日而遇七十毒，得茶以解之。今人服药不饮茶，恐解药也。”伴随着中华文明发展的茶叶，自一开始，就被世人当作护佑健康的神奇木本。无论是神话传说，还是民间野史，抑或科学研究，都指向藏茶神奇的保健功效。我们从一杯浓酽的藏茶中，享受着大自然带给我们的良方，它调节了我们的新陈代谢，愉悦了我们的心灵，保护我们世代健康。有藏茶相伴的岁月，多了温柔，少了沧桑。

没食子酰基团：X

茶叶中的活性物质儿茶素结构图

$R_1=R_2=H$　表儿茶素（Catechn 简称 EC）

$R_1=H$　$R_2=OH$　表没食子儿茶素（Callocatechin 简称 EGC）

$R_1=X$　$R_2=H$　表儿茶素没食子酸酯（Catechingallate 简称 ECG）

$R_1=X$　$R_2=OH$　表没食子儿茶素没食子酸酯（Gallocatechingallate 简称 EGCG）

据史料记载，唐贞观十五年（641年），唐太宗李世民将皇室的文成公主远嫁吐蕃王松赞干布。这一年的正月十五，由官员、军队、医师、工匠、商人组成的上万人庞大的队伍在京城长安集结，马匹和骆驼以及载重车辆，满载着杭州的绸缎、成都的蜀锦、太湖的香米、江西的瓷器，还有皇室的书籍、黄金、白银，浩浩荡荡，迤逦而直奔西南。特别重要的是，队伍还携带着来自雅州（今天的四川雅安）的大量茶叶，这种茶叶被压成饼状，也叫饼茶。携带茶叶，是皇室采用了经常往返吐蕃的大唐使节和吐蕃大臣的建议——漫长旅途、西南高原恶劣气候下的日常生活，没有这种饼茶是万万不可的。果然，进入川藏之后，队伍行进之路随着海拔的升高，尤其是汉人的高原反应逐渐强烈起来，头晕目眩、四肢无力、心跳、呕吐，队伍出现了前所未有的困顿与疲累。此时，文成公主听从了藏人的建议，命人打开茶饼，烧出大量的茶水，供所有人饮用，饮茶后人人顿时觉着神清气爽，种种不适一扫而光。经过短暂的休整后，继续前行，这样的大队人马就是依仗茶饼的劲道，终于来到了吐蕃，更把这种神奇的茶饼作为礼物，赠送给吐蕃上层人士和僧侣。这个古老的传说，在今日的藏族聚居区依然被盛传着，藏族老乡中至今一直流传着“宁可三日无粮,不可一日无茶”的谚语，那个“茶”，就是我们今天所称的“藏茶”，于藏民族而言，有着“朝夕不可暂缺”之重要地位。

文成公主进藏之后，汉族的茶叶开始成了藏族人的宝贝。海拔三四千米以上的康藏高寒地区的人们，缺少蔬菜，所摄取的大抵是些糌粑、奶类、酥油、牛羊肉等高热量的东西，而茶叶能够分解脂肪、防止燥热，故藏民在长期的生活中，形成了喝酥油茶的高原生活习惯，但藏区不产茶。而在内地，国家的战事、兵役、工程需要骡马，藏区需要茶叶，换马和运茶也就成了国家垄断的生意，由唐以来形成的纵横交错的茶马古道，便是再自然不过的事情。本篇内容将从藏茶内含成分的角度充分阐述藏茶神奇功效的物质基础。

## 一、藏茶主要活性物质

茶叶中所含的有效成分主要有茶多酚、咖啡碱、可溶性糖、茶多糖类、蛋白质、游离氨基酸、茶色素类等，而不同茶类由于原料和加工工艺不同，其内含活性成分差异极大。雅安藏茶采取了独特的高温、高湿渥堆（后发酵）工艺，在渥堆过程中存在的微生物是一个复杂的体系。李东等人对雅安藏茶渥堆过程中存在的真菌种群进行了分类鉴定，结果表明，雅安藏茶渥堆过程中主要存在黑曲霉（Aspergillus niger）、塔宾曲霉（Aspergillus tubingensis）、总状枝毛霉（M. racemosus Fres.）、炭黑曲霉（Aapergilluscarbonarius）、根霉（Rhizopus ehrenberg）、烟曲霉（Aspergillus fumigatus）和簡单枝霉（Thamnidiumsimplex brefeld）等7种真菌，这些微生物代谢产生了大量的有机酸，同时，茶多酚、可溶性糖等均在渥堆阶段出现了较大变化，随着翻堆次数的增加，茶多酚的含量剧烈减少，而作为茶汤、叶底呈色物质的茶褐素则明显增加。茶叶原料的老嫩程度对茶多糖、膳食纤维和粗纤维含量的影响很大，制茶原料越粗老，茶多糖、膳食纤维和粗纤维的含量越高，雅安藏茶一般采用一芽三至五叶的新梢作为原料，因此茶多糖、膳食纤维和粗纤维的含量丰富。雅安藏茶在渥堆过程中湿热作用和存在的微生物是雅安藏茶品质形成及其内含物质转化的关键原因。

## （一）茶多酚

茶多酚是茶叶多酚类物质的总称，是一些类黄酮物质。茶多酚是茶叶内含物的主要组成部分，在藏茶中的含量约为15%~28%，但经过多年陈放后，其含量可低至3%~5%。富含类多酚类物质的食品对人体的心血管有很大的益处，可以预防和治疗目前人类的“头号杀手”——心血管疾病。

茶多酚具有非常多的保健功效。由于多酚类物质有较强的收敛性和刺激性，饮茶时能刺激口腔黏膜，促进生津，唾液分泌增多，达到清凉解暑、生津止渴的作用；有较强的抗氧化能力，抗氧化的作用能清除人体的自由基，抑制对人体有害的超氧化物的产生，超氧化物是引起人体细胞癌变的重要物质之一；可增强人体的免疫能力，茶多酚能促进免疫细胞的增殖和生长，或通过调整使降低的免疫功能恢复，从而增强机体的免疫功能。同时，体外的实验也表明，茶多酚有较强的杀灭癌细胞作用，对肿瘤细胞的DNA合成的抑制作用最高达98%。茶叶中的多酚类物质还能沉淀重金属和生物碱，是重金属盐和生物碱中毒的解毒剂。

## （二）茶褐素

茶色素类是由茶叶中以儿茶素为主的多酚类化合物氧化衍生而来的一类水溶性色素混合物，包括茶黄素（TFs）、茶红素（TRs）和茶褐素（TBs）三类，其中的茶褐素是一类水溶性非透析性高聚合的褐色色素，是雅安藏茶加工过程中由多酚类、茶黄素和茶红素等进一步氧化聚合转化而成。雅安藏茶在加工过程中，儿茶素总量、茶多酚总量都显著地降低，而茶红素、茶黄素和茶褐素的含量较鲜叶分别提高。在加工过程中茶褐素的大幅度积累，同时伴随着儿茶素含量的大幅度降低，是形成雅安藏茶醇和而不苦涩的滋味特征的重要物质基础，随着贮藏时间的延长，雅安藏茶的茶褐素含量会继续增加。现有研究表明，茶褐素能降低肝脏脂肪酸合酶的活性，抑制肝脏合成脂肪，还能升高脂肪组织中敏感性脂肪酶的活性及其mRNA表达，促进体内脂类特别是甘油三酯的降解，因此其具有较强的降脂减肥等功效。

## （三）茶多糖

茶多糖（TPs）是茶叶中具有特殊生物活性的一类与蛋白质结合在一起的酸性多糖或酸性糖蛋白。活性氧自由基能使蛋白质发生氧化修饰，而茶多糖中构成蛋白质的多肽和氨基酸能有效捕捉自由基，使之终止自由基连锁反应，同时糖苷部分是多羟醛或多羟酮的聚合物，醛糖是强的还原剂，因而茶多糖表现出一定的抗氧化性；茶多糖在体外以剂量依赖性抑制α–淀粉酶活性，减少消化道对淀粉类物质的消化和吸收，抑制餐后血糖升高，间接减少体内脂肪的合成，其对血脂升高存在量效抑制，可显著降低甘油三酯及低密度脂蛋白的水平。

## （四）膳食纤维和粗纤维

膳食纤维（Dietary Fiber，DF）是指能抗人体小肠消化吸收，而在人体大肠能部分或全部发酵的可食用的植物性成分、碳水化合物及其类似物质的总和，包括多糖、寡糖、木质素及相关的植物物质。膳食纤维以能否溶解于水可分为不溶性膳食纤维（IDF）与水溶性膳食纤维（SDF），IDF的主要成分是纤维素、半纤维素、木质素、原果胶和壳聚糖等，可促进肠蠕动，吸附肠毒素并促其排出体外，具有预防便秘、肥胖、结肠癌、高血压、糖尿病和动脉硬化等多种生理功能。SDF的主要成分为水溶性β–葡聚多糖和水溶性戊聚多糖，其在肠道内能被部分有益微生物作为自身营养物降解利用，SDF可减缓消化速度和促进排泄，促进有毒物质的排出，提高人体免疫能力，调控血糖和胆固醇含量，改善糖尿病患者胰岛素水平，保护人体的胃肠健康。

## （五）有机酸

茶叶中含有近三十种有机酸，其占茶叶干物质总量的3% 左右，它们都有共同的结构R–COOH，具有特别抗菌活性的有机酸大多是短链酸（$C_1$–$C_7$），如甲酸、乙酸、丙酸和丁酸，或者是带羟基（通常位于α碳）的羧酸，如乳酸、苹果酸、酒石酸和柠檬酸等。茶叶中的有机酸能增强茶多酚的抗氧化性能，具有促进儿茶素在人体中的吸收，调节妇女月经周期，减轻关节炎、痛风，降低肠道内pH、抑制肠道致病菌生长、促进胃肠蠕动、改善胃肠道功能等功效，是一类良好的肠道微生态调节剂。经过渥堆发酵的砖茶的有机酸总量明显高于非发酵绿茶，这是因为，各种物化动力使得茶叶在渥堆时新陈代谢加快，而有机酸作为糖、脂等多种物质代谢的中间产物，随代谢加快其含量必然上升。

## 二、藏茶主要生物学功能

凭着经验，古人就总结出了茶叶具有消食、止渴、利尿、降解脂肪等功效。随着现代科学研究的深入，茶叶的各种功效也被逐步发掘，如降血脂、降血糖、抗氧化、抗癌、防辐射、增强免疫力等。这些药理保健功效让茶叶不仅满足了人们生津止渴的需求，也满足了当代社会人们对健康生活品质的追求。喝茶的男人越来越帅，喝茶的女人永远可爱。家中常备一块藏茶，闲暇时，或冲泡、或熬煮、或调饮，生津解渴的同时，还可愉悦身心，养生养心，独自静静地品一杯藏茶，在浓浓的茶汤里，养心宁神。随着现代生物技术的快速发展，越来越多的研究人员用茶水、茶叶提取物、干茶及各种茶叶活性成分单体进行流行病学、动物模型、细胞学实验等，在多层次上积极综合探究黑茶潜在的健康机制。藏茶具有良好的调节代谢综合征、调节肠胃功能等作用，其中人们对藏茶降血糖、血脂的功效关注度最高。藏茶的健康功效是21世纪茶与健康研究的热点之一。

### （一）降低血脂

国家卫计委发布的《中国居民营养与慢性病状况报告（2015）》指出，我国18岁及以上成人超重率为30.1%，肥胖率为11.9%，过多的脂肪摄入引起的慢性疾病也显著增多，中国成人血脂异常总体发病率高达40.40%，而血脂水平过高将引起多种并发症，如心脑血管疾病、肾脏疾病等。采取简单易行且无副作用的方式治疗高脂血症被越来越多的人所关注。

众多研究表明，藏茶能促进小鼠体内脂肪酸β-氧化，增加能量消耗，抑制由高脂饮食导致的体重增加。藏茶降血脂的作用途径有两条：一是在细胞信号传导过程中抑制了PI3K/Akt和JNK信号通路；二是通过LKB1 途径提高了腺苷活化蛋白激酶（AMP-activated protein kinase，AMPK）的磷酸化水平，从而抑制脂肪生成和TC、TG的合成，增加脂肪酸氧化，促进脂肪的利用，进而改善了血脂组成。但藏茶成分众多，具体是何种物质或是几种物质共同作用起到降血脂作用还未知，如何利用代谢组学技术筛分关键性物质作进一步研究值得探讨。四川农业大学茶学系徐甜对四川边茶茶褐素降低小鼠血脂的研究表明：四川边茶茶褐素提取物对正常小鼠的血脂无明显影响，但能显著降低高血脂模型小鼠的血脂，其中低、中两个剂量组的四川边茶茶褐素表现降血脂活性。低、中、高三个剂量组的小鼠动脉粥样硬化指数显著降低（$p<0.01$）。该研究结果为我们筛查出了调节血脂代谢的主要生化成分为茶褐素。2019年，国际顶级期刊《自然-通讯》发表了来自上海交通大学贾伟课题组的研究结果，研究人员利用现代科学技术解析了茶褐素减肥降脂的主要机制在于：通过影响肠道菌群和胆汁酸代谢降低胆固醇。

高等动物的体脂一方面靠直接摄入，另一方面则是由体内自身合成。通过对能量物质体内生化代谢途径进行的分析可以发现，主要能量物质的初级代谢终点都是乙酰辅酶A，然后进一步的代谢进入三羧酸循环被完全氧化，这是生物细胞获得能量的主要来源。同时乙酰辅酶A也是合成脂肪的起点，先是被ACC羧化为丙二酰单酰辅酶A，再由FAS催化进行一系列的反应合成为脂肪酸，完成合成脂肪的主要工作。2006年，四川农业大学齐桂年教授联合中国科学院开展了不同年份的四川康砖茶抑制脂肪酸合酶（FAS，减肥和抑癌的双重潜在靶点）活性能力的研究，结果表明：1972年以来生产的6个不同年份的四川康砖茶样品，发现其提取物对 FAS的抑制能力有一定的差别，保存 34年的1972年样品抑制能力最弱，保存近5年的2001年样品抑制能力最强，2006年新茶反而是抑制能力次弱的。而储存时间由5年（2001年样品）到28年（1978年样品）之间的样品抑制能力，除1994年样品偏弱外，总的来说是随保存时间延长而缓缓下降，但变化不是很大。以上结果与人们对后发酵茶品质的认识是一致的。这表明发酵对提高康砖茶抑制FAS的能力是有益的。同时康砖茶中的FAS抑制剂相当稳定，可以保存到近30年。一般认为，红茶和绿茶质量最好的为新茶，而黑茶和红茶及绿茶不同，往往是储存数年后的质量要高于新茶，但一般认为储存时间不宜超过30年。这和我们的测定结果相一致。与此同时，该项研究还得到一个较有意思的结论：康砖茶中的有效物的浸出需要60min以上。在中国西部，黑茶的饮用习惯为长时间煮茶，且随喝随续水，这保证了抑制FAS有效物的充分浸出。因此，按多次长时间开水浸泡的方法使用，对于减肥、抑癌等目标，应用黑茶可能会有更好的效果。茶作为一种大众的健康饮品，可以开发成新的FAS抑制剂，当作一种既安全保健又经济实惠的减肥抑癌新产品。康砖茶作为我国特有的重要茶叶种类，由于其价格低廉、保存性能好、抑制FAS的性能优良以及有效物的高水溶性，在相关应用领域会有良好的发展空间。

## （二）降血糖

糖尿病是由多种病因引起的以慢性高血糖为特征的代谢紊乱性疾病，现已成为危害人类健康的主要疾病之一。茶多糖是茶叶降血糖的主要功效成分，其降血糖机制主要与保护胰岛细胞、促进胰岛素分泌、提高胰岛素敏感性、调节糖代谢有关酶的活性及提高肝糖原含量等有关。黑茶中的茶多糖含量较高，并且其组分活性也比其他茶类强，这是因为在发酵茶中，由于糖苷酶、蛋白酶、水解酶的作用而形成了相对长度较短的糖链和肽链，短肽链比长肽链更易被吸收，且生物活性更强。淀粉酶是水解淀粉和糖原的酶类总称，其中α－淀粉酶可随机水解α－1，4糖苷键，通过对其抑制可减少淀粉类物质在人体消化道内的消化与吸收，从而抑制餐后血糖水平的升高。聂坤伦等以雅安藏茶为材料，用体积分数70%乙醇溶液提取后经不同溶剂系统萃取分离得到石油醚层级分、氯仿层级分、乙醚层级分、乙酸乙酯层级分、弱碱性水层级分、正丁醇层级分和正丁醇萃取的水层级分7种雅安藏茶级分，并测定了各个级分的主要成分及对α－淀粉酶活性的影响，结果表明，雅安藏茶抑制α－淀粉酶的主要活性成分为儿茶素、茶褐素和咖啡碱。郭金龙的研究表明，雅安藏茶级分对α－淀粉酶有很强的抑制作用，其中以茶黄素级分对其抑制能力较高。吕晓华等通过人体试饮试验研究了雅安藏茶的降血糖作用，将符合纳入排除标准的自愿受试者31例，按6g/d以开水重复冲泡饮用藏茶3个月，结果表明，受试者的空腹血糖由试饮前的（5.76±0.63）mmol/L下降到试饮后的（5.19±0.68）mmol/L。章蕾对8种黑茶提取物进行了PPARγ2激动活性的初步筛选实验，发现雅安藏茶中的金尖茶等8种黑茶提取物都有一定的调节血糖功能。

## （三）润肠通便、助消化

中国自古就有“民以食为天”的说法，中国的八大菜系也名享中外，菜肴往往也会成为某个城市的代名词。一说起火锅就会想起重庆，一提到臭豆腐就会怀念长沙……中国人出了名的会吃、爱吃，并随着生活水平的提高而愈发明显，但往往是满足了嘴巴，忽略了胃。高油、高盐、高脂肪的食物，会对我们的肠胃造成很大的负荷，引起肠胃蠕动和消化液分泌不足，消化黏膜受伤，食欲不振、消化不良。据世界卫生组织统计，胃病在人群中的发病率高达80%，中国的胃病患者有1.2亿，慢性胃炎的发病率为30%。

藏族同胞的饮食离不开高脂肪、高蛋白、高热量，保持肠道健康，藏茶起了无可替代的作用。近年来四川农业大学的研究者发现，从雅安藏茶中提取出的茶叶的主要成分——茶黄素、儿茶素、茶红素类物质均可极大地促进胃蛋白酶的活性，其中茶黄素对胃蛋白酶的促进作用最高，酶活性提高了83.88%。胃蛋白酶是人体内消化酶的一种，作用是参与食物的消化，能够将食物中的蛋白质分解为小分子物质。除了提取出的有机物外，直接通过沸水冲泡茶叶，茶水中的水浸出物也可以对胃蛋白酶的活性产生影响。随着藏茶浓度的增加，胃蛋白酶的活性受到的促进作用显著增强。因此，坚持饮用雅安藏茶有利于提高人体胃蛋白酶的活性，促进胃蛋白酶利用吸收蛋白质，提高人体的胃吸收功能。

四川农业大学许靖逸副教授课题组通过建立便秘大鼠模型，研究雅安藏茶、低聚木糖及二者的复配物对便秘模型大鼠的润肠通便作用。取体质量相近、同批次的健康雄性Wister大鼠50只，随机选取5只作为正常对照组，其余大鼠用盐酸洛哌丁胺制造大鼠便秘模型。取造模成功的40只大鼠随机分成8组：模型对照组、雅安藏茶浸液组、低聚木糖组、雅安藏茶与低聚木糖复配低、中、高3个剂量组、阳性对照组、藏茶粉末组，连续7d灌胃受试样品，测定各组大鼠的采食量、饮水量、体质量增量、最后24h的粪便粒数、粪便含水率、小肠炭末推进率和肠道菌群等肠道功能评价指标。结果表明，雅安藏茶、低聚木糖及二者的复配物均能够增加大鼠排便次数和质量，软化粪便；促进便秘大鼠小肠的蠕动，促进肠道内有益菌的增殖，抑制有害细菌的生长，且雅安藏茶与低聚木糖具有协同通便效果，其通便效果与复配物质量浓度有关，总体以低聚木糖组与雅安藏茶复配高剂量组效果最好，其效果达到或优于阳性对照物番泻叶，并能使便秘大鼠的排便功能恢复至接近正常对照组。雅安藏茶、低聚木糖及二者的复配物均具有润肠通便的作用且对维持肠道菌群的平衡具有很好的功效。

## （四）抗辐射

近年来“防晒”的概念被越来越多的人接纳，防晒的意义不仅仅在于“爱美之心人皆有之”的防晒黑，更在于抵抗紫外线对人体皮肤的伤害。我们的皮肤是直接暴露在空气中的，相比于人体其他组织都更容易受到辐射照射。辐射会使皮肤灼伤并对皮肤造成其他多种损伤，更是造成皮肤癌的直接原因。而且辐射对人体的损伤远远不止存在于皮肤表面，一定强度的射线还会穿透人体皮肤表层对深层组织造成损伤。

藏区多处于中国的高原之上，氧气稀薄、多臭氧层空洞，使得藏区紫外线照射水平远远高于平原地区，这也增加了藏民皮肤癌的患病率。但藏茶的存在无疑为藏民撑起了一把天然的抵抗紫外线的保护伞，更拥有“西藏黑金”的美称。

早在2016年，四川农业大学茶学系的许靖逸副教授等就通过建立60Co γ 辐射损伤小鼠模型，证实雅安藏茶茶褐素对60Co γ 辐射损伤的防护作用。实验通过提取出雅安藏茶中含量较高的茶褐素，对一部分小鼠用茶褐素灌胃，与正常小鼠一起培养一段时间后。用60Co γ 射线对不同处理的两组小鼠进行全身射线辐射，小鼠被射线辐射后造血功能明显降低。但被茶褐素灌胃培养的小鼠，可以明显抵抗射线照射，造血功能未受影响。实验表明雅安藏茶中的茶褐素能明显保护小鼠的造血功能，且能达到药物防护的作用。另还有实验证明，除茶褐素外，藏茶中的茶多糖也是抵抗辐射的重要的活性物质。

## （五）抗氧化以及对自由基的清除

自由基是细胞代谢过程中产生的有害物质，具有未配对电子的原子、原子团、分子或离子。由于自由基的产生所诱发的脂质过氧化物水平升高，导致了人体衰老。英国科学家赫尔曼（Herman）认为，生物体内代谢产生的自由基如果过量，就会造成DNA和其他大分子的损伤，导致退行性变、恶性损伤及细胞的死亡，最终导致了生物体的衰老及死亡。在哺乳动物中，自由基主要指氧自由基，如超过氧化物、过氧化羟基及羟基等。自由基与核酸、蛋白质、氨基酸、糖类及脂质发生作用，对人体产生不良影响，如导致遗传突变，导致器官组织的损伤，加重炎症过程，形成老年斑等等。

藏茶就是一种良好的天然抗氧化剂，也能有效清除超氧阴离子自由基与羟自由基。实验证明了酚类和羧酸类物质是茶褐素的主要成分，与自由基反应能生成较为稳定的酚类自由基，所以能够使自由基灭活，同时也证明了高剂量的茶褐素对辐射损伤的小鼠的肝脏抗氧化系统有较好的防护作用。四川农业大学杜晓教授采用雅安藏茶为实验材料进行自由基清除能力的研究结果表明：雅安藏茶对自由基的清除能力远大于其他茶类，对超氧阴离子自由基的清除能力是绿茶的2倍，是Vc的6.70倍；对羟自由基的清除能力是Ve的2.8倍。研究表明，茶叶中的多酚类可以有效地清除自由基，预防脂质过氧化。雅安藏茶中丰富的多酚类物质正是清除自由基的决定性物质。由此可见，雅安藏茶对氧自由基的清除能力甚至要强于人工合成的抗氧化剂。广东省农业科学院茶叶研究所乔小燕副研究员通过研究不同年份的康砖茶清除自由基的能力发现：康砖茶多酚提取物清除自由基的能力高于对铁离子的还原能力，且对脂溶性自由基的清除能力显著高于水溶性自由基。随着贮藏年份的增加，清除脂溶性自由基的能力则显著增强。

## （六）不影响睡眠质量

说起喝茶，总能想起提神醒脑的功效，哪怕一杯奶茶也能让人在黑夜中保持清醒，这都是因为茶叶中含有的咖啡碱在起作用。通过沸水的冲泡，茶叶中80%的咖啡碱会溶于茶汤而被人体吸收。咖啡碱可以引起中枢神经系统的兴奋，从而达到提神醒脑的功效；同时咖啡碱还有利于促进胃酸的分泌，使食欲提高，也有利尿等功效。但过多的咖啡碱摄入会使人精神疲惫，刺激胃黏膜对胃壁造成损伤，也容易造成失眠、骨质疏松等。胡燕博士通过研究20余个雅安藏茶品种得出结论，藏茶咖啡碱含量平均值为2.88%，除青茶以外，其他茶类的咖啡碱含量平均值在3.46%~4.00%之间，说明与其他茶类比较，雅安藏茶的咖啡碱含量处于一个较低的水平。实验证明雅安藏茶不仅不会影响睡眠，反而能在一定程度上改善睡眠质量。所以在入睡前想要喝茶又怕失眠的人们，藏茶将会是一个很好的选择。

## （七）降尿酸

尿酸是嘌呤代谢的产物，由次黄嘌呤和黄嘌呤在黄嘌呤氧化酶的催化下氧化产生，当体内嘌呤代谢异常，产生的尿酸过多时会引起高尿酸血症，高尿酸血症是痛风的重要危险因素。雅安藏茶中丰富的茶色素类可减轻血液高凝状态，改善微循环，恢复组织能量代谢，可减少细胞产生一氧化氮，使血浆中的一氧化氮恢复到正常平衡状态，有助于降低血尿酸。吕晓华等通过人体试饮试验研究了雅安藏茶的降尿酸作用，将符合纳入排除标准的自愿受试者按6g/d以开水重复冲泡饮用藏茶3个月，结果表明，受试者的血尿酸由试饮雅安藏茶前的（$405.40 \pm 57.69$）μmol/L下降到试饮后的（$369.98 \pm 59.99$）μmol/L。

## （八）抑菌作用

岳随娟等通过灌胃小鼠茶褐素发现，茶褐素能调整肠道菌群失调，抑制大肠杆菌和肠球菌生长。郭金龙的研究表明，雅安藏茶水浸出物对两种有害细菌大肠杆菌和金黄色葡萄球菌都有明显的抑制作用，对金黄色葡萄球菌的抑制作用显著高于大肠杆菌，并以茶黄素级分抑制两种细菌的能力最强。

## 三、展望

随着生活水平的不断提高，人们的饮食结构也逐渐发生着变化，摄入肉类、奶制品等高蛋白、高油脂食物增多容易导致消化不良、肥胖，甚至患上高血糖、高血脂、高血压等疾病。由于雅安独特的气候条件、土壤状况、湿度特性等以及藏茶制作工艺的独特性造就了雅安藏茶独特的口味和功效。目前对雅安藏茶的研究主要集中于加工工艺和主要品质化学成分等方面，对其保健功能的系统研究较少。雅安藏茶富含茶褐素、茶多糖、有机酸、膳食纤维和粗纤维等特征性活性成分，其所具有的降脂减肥、抗氧化、助消化和调理肠胃、降血糖、降尿酸、抗辐射、抑菌等保健功能逐渐获得广大消费者的认可，给雅安藏茶的发展带来了很大的机遇。由于雅安藏茶化学成分繁多复杂，到目前为止，还未能有全面的实验具体阐述其重要的功能性成分，这也是目前黑茶认知的一片盲区，但是黑茶独特的品质及其显著的健康功效，一直驱动着研究者深入探索黑茶的主要功能性成分及其健康机制。与此同时，其保健功能及药理药效尚缺乏直接的生理生化和生物学实验证据，人体临床数据累积不足，并缺乏对雅安藏茶的安全毒理性评价，因此，深入研究雅安藏茶的药用价值，开发其保健功能，具有广阔的应用前景。

今后可从以下几个方面对雅安藏茶的保健功能进行深入研究：系统研究雅安藏茶相关保健功能的物质基础。由于原料和制作工艺等方面的差异，雅安藏茶同其他产地的黑茶在化学成分及其含量等方面会存在一定的差异，因此对雅安藏茶主要活性成分的分离和解析是制约其保健功能研究的限制因素，需结合现代分离纯化和结构鉴定技术，确定雅安藏茶中起主要功效的单体成分并进行结构鉴定；对雅安藏茶主要活性成分的生理活性进行深入研究，通过动物实验、临床实验等方式进一步验证雅安藏茶的降脂减肥、抗氧化、助消化和调理肠胃、降血糖、降尿酸、抗辐射和抑菌等保健功能，并深入到细胞水平、分子水平探讨其作用机制，进一步明确雅安藏茶不同保健功能的关键信号通路和主要靶向的基因或蛋白，阐明其分子机理；开展雅安藏茶的临床基础性研究，确保其临床营养的安全性和保健功能的可靠性，并在此基础上进一步深入挖掘雅安藏茶的潜在保健功能。藏茶作为主要的边销茶之一，随着对藏茶研究的深入也呈现出一些问题。第一，现有研究多集中于藏茶中单一成分的功效，对发酵后茶中产生的活性成分及机理研究不足，多种成分及其间的相互作用仍待验证。第二，藏茶提取成分复杂，如何明确其功能性成分的具体作用机制问题尚待解决。第三，藏茶口味独特但生产周期较长，而缩短发酵期又会降低产品口感。对其发酵过程的研究或研发创新型藏茶产品将成为热门，同时还能丰富藏茶产品种类，促进藏茶产业升级。

随着藏茶日益受到重视和现代分析技术的进展，藏茶中更多的有效成分和保健功效将逐步显露并得以开发利用，从而打破以往藏茶销往边区的局限，满足更多人群需求。

藏茶在藏医药典籍所记载的相关功效

| སྨན་གཞུང་།<br>典籍 | རོ<br>味 | རང་བཞིན།<br>性 | ཕན་ཡོན།<br>功效 |
|---|---|---|---|
| དཔལ་ལྡན་རྒྱུད་བཞི།<br>《四部医典》 | | བསིལ་ཡང་།<br>凉、轻 | མཁྲིས་ཚད་སེལ། སྨུག་པོ་ཆ་བ་རྒྱས་པ་དང་སྦྱར་དུག་ལ་ཕན།<br>治胆热症、木布病发热期（类似于胃溃疡）、中毒 |
| ཤེལ་གོང་ཤེལ་ཕྲེང་།<br>《晶珠本草》 | | བསིལ་ལ་ཡང་།<br>凉、轻 | རྒྱ་ཚད་ལ་ཕན། འདིའི་རླངས་ལུམས་ཀྱིས་ཚད་པ་རུས་ཞེན་འདོན།<br>黑茶可治中暑、熏蒸可清除热症侵骨 |
| འཁྲུངས་དཔེ་དྲི་མེད་ཤེལ་གྱི་མེ་ལོང་།<br>《晶镜本草》 | མངར་ཁ་བསྐ<br>甘、苦、干涩 | བསིལ།<br>凉 | ཤུས་པས་རྒྱ་གར་ནག་སོགས་ཡུལ་གྱི་ཚད་པ་སེལ། རླུང་ཟད་པ་འཕེལ། ལུས་ཡང་།<br>མིག་སོགས་དབང་པོ་གསལ་ལ་དང་ག་འབྱེད་ཅིང་སྐོམ་དད་སེལ།<br>能清除印度和汉地的热病，增加耗竭的“龙”（属三大基因），使身子轻、使眼睛等五官功能清晰、消渴 |
| བོད་སྨན་གྱི་རྣམ་བཤད།<br>《藏医解说》 | བསྐ<br>干涩 | བསིལ་ཡང་།<br>凉、轻 | རུས་ཚད་སེལ།<br>消骨热病 |
| ཇོ་བོ་རྗེའི་གསུང་འབུམ།<br>《阿底峡尊者著作集》 | | | ལྕེ་བདེ་རིག་གསལ་འགྲོ་ན་མགྱོགས།<br>使口齿伶俐、步态轻盈 |
| རྗེ་དགེ་འདུན་རྒྱ་མཚོ་གསུངས།<br>《根敦嘉措著作集》 | | | ལྕེ་བདེ་བློ་གསལ་ཤེས་རབ་འཕེལ།<br>使口齿伶俐、增加智慧 |
| ཕན་བདེའི་བསིལ་ཟེར་སྤྲོ་བའི་ཟླ་གསར།<br>《医学利乐新月》 | | བསིལ།<br>凉 | བད་ཀན་ཚ་བ་གོར་ཞིང་ལ་ཕན། ཤ༣༥<br>བྱེ་རིང་ལྡན་དུག་སེལ་བ་བདུད་རྩི་དབྱིག་ཤེལ་གྱིས་རྣ་བྱེད། ཤ ༤༣ སྨུག་པོ་ཆ་བ་<br>རྒྱས་པའི་ནད་ལ་ཕན། ཤ༥༨<br>对培根病（属三大基因之一）热期、木布病（类似于胃溃疡）热期有效 |
| འཁྲུངས་དཔེ་ངོ་མཚར་གསེར་སྙེ།<br>《金穗本草》 | བསྐ་ལ་ཁ་བ།<br>苦涩 | བསིལ་ལ་ཡང་ཞིང་རྩུབ་པ།<br>凉、轻、粗糙 | རྒྱ་ནད་ཚད་པ་ཀུན་ལ་ཕན།<br>能清除印度和汉地的热暑病 |

续表

| སྨན་གཞུང་།<br>典籍 | རོ<br>味 | རང་བཞིན།<br>性 | ཕན་ཡོན།<br>功效 |
|---|---|---|---|
| ཏུན་ཧོང་བོད་ཀྱི་ཡིག་རྙིང་།<br>《敦煌藏文古籍》 | | | སྐྱུག་པ་སེལ།<br>止吐 |
| སྨན་མིང་རྒྱ་མཚོ་ལས།<br>《药名大海》 | | | ཛ་ཤིང་ཚད་པ་ཀུན་ལ་ཕན།<br>能治热病 |

感谢藏医师བསོད་ནམས་གཡུལ་རྒྱལ།（索朗玉杰）提供藏医相关文献典籍并翻译。

蒸茶（雅安市友谊茶叶有限公司提供）

# 第十篇

## 文化——藏茶的茶饮、茶食及茶为药用

茶，神奇的东方树叶，其起源于中国，兴于亚洲，流行于全球。如今，全球超过30亿人口喜爱饮茶，茶叶已成为世界三大饮料（茶、咖啡和可可）之首。茶，初为药用，后为饮用，民间依旧存在多种茶药方。奔腾不息华夏文明，千载悠悠饮茶文化。地大物博的中华大地，不仅仅孕育出了色彩丰富的民俗茶文化，五彩缤纷的茶俗，丰富多彩的生活，闪烁在历史长河中，被人们延续和传播，成为人们生活中的一部分，在漫漫历史征途中，尤其在缺食少药的年代，茶叶还扮演着重要的药用角色。尤其是在缺少蔬菜水果的雪域高原，茶为药用尤为甚。历史上并不产茶的藏区，却衍生出了具有强烈民族特色且独树一帜的茶文化，甚至有着“中国乃至世界茶文化园地中的一枝奇葩”的说法。

所谓茶文化，即与茶相关的物质财富和精神财富的总和，包含作为载体的茶和使用茶的人因茶而有的各种观念形态两个方面，它既有自然属性，又有社会属性。围绕茶及利用它的人所产生的一系列物质的、精神的、习俗的、心理的、行为的表现，均应属于茶文化的范畴。饮茶是人类一种美好的物质享受和精神陶冶。随着社会的进步和物质生活水平的提高，饮茶文化已渗透到社会的各个领域和生活的各层面。在中国历史上，无论是富贵之家还是贫苦家庭都离不开茶。即便是祭祀天地拜祖宗，也得奉上“三茶六酒”，把茶提到与酒饭等同的位置。西藏特殊的自然环境使藏族同胞有“宁可三日无油盐、不可一日不喝茶”的感受。因此，在人类发展史上，无论是王公贵族、文人墨客，还是贩夫走卒、庶民百姓，都视茶为上品，只是饮茶方式不完全相同而已，对茶的推崇和需求却是一致的。

藏族茶文化则指藏族同胞在长期的社会实践过程中所创造的与茶叶有关的物质财富和精神财富的总和，包括但不限于藏区茶叶的传说、藏区同胞的饮茶历史、藏区同胞的茶饮形式及衍生出来的茶礼茶俗。人类的任何文化习俗的形成都离不开生活环境的影响。藏族同胞好饮茶与饮茶风俗也必然与其独特的生存环境和日常生活饮食习惯密不可分。简单来说，他们独特的饮茶文化的形成主要包括以下几点：（1）日常生活的需求：青藏高原气候寒冷，热量不够，没法像内地一样种植蔬菜，所以藏族同胞主要以牛羊肉、乳制品为主要食物。茶含有茶碱可以帮助人们分解脂肪、消食化腻，此外还含有芳香油、咖啡碱，起着兴奋大脑的作用，并能促进肌体新陈代谢，所以茶是青藏高原居民百姓日常生活中的最佳饮品。（2）身体能量的需求：青藏高原缺少蔬菜水果的供应及其他矿物质和维生素。如果身体长期缺维生素和矿物质，会影响健康，但是茶叶所含的维生素$B_1$、$B_2$和维生素C，这些成分对过去长期生活在缺乏新鲜蔬菜和水果的高原居民是尤为重要的，可以弥补身体的营养所需，因此以茶补充此类营养也体现了劳动人民的智慧。（3）生活环境因素的影响：藏族同胞长年居住在高原地带，平均气温零下4度，如何抵御寒冷，保存身体的热量是他们长期以来面临的难题，喝茶可以起到抗寒的效果。除此之外，茶还具有缓解高原缺氧和干燥等作用。由此可见，茶饮在青藏高原的盛行是必然的。俗话说：“千里不同风，百里不同俗。”我国地域宽广，人口众多，由于受历史文化、地理环境、社会风俗的影响，中华茶文化从开始就具有区域性的特征。从茶叶传入青藏高原开始，茶的文化必将融入青藏高原百姓生活的方方面面，形成雪域高原上璀璨的茶文化。

茶文化是一种范围广泛、雅俗共赏、受者众多的大众文化。广义的藏茶文化包含了多方面的内容，茶叶入藏的渊源及产品的制作技艺等在前几篇内容中已进行详述，本篇内容则着重介绍藏族人民的茶饮方式、茶礼茶俗及历史上的茶为药用典故。

藏人嗜茶，如不饮茶，则感精神不振，情绪不佳，饮食不能消化，体软乏力，走路艰难，不思事做。藏族俗语："汉人饭饱肚，藏人水（茶）饱肚。"藏民每天饮茶量，多者五六十杯（约10立升），少者二三十杯（约5立升）。对藏族人民酷爱饮茶曾有许多记载，宋徽宗年间官吏程之邵说："食肉饮酪，故贵茶，而病予难得。"《滴露缦录》记载："以其腥肉之食，非茶不消，青稞之热，非茶不解。"清《续文献通考》："乳酪滞隔，而茶性通利，能荡涤之故。"藏民称：过雅安，愈往西行，茶愈香，味愈好。有藏人土登，多次来往于内地与边地藏区，他在藏区饮了雅安孚和茶号制造的砖茶，认为无上佳品。民国十七年（1928年）他经雅安至峨眉朝山时，买孚和砖茶二块，经洪雅、乐山、峨眉、成都等地都熬茶煮饮，茶味清淡，不觉其香，认为受了欺骗，买了劣品。回康定后将剩余茶叶重新熬煮，顿觉茶味馥郁，清香甘醇，与前大不相同。此为地理条件所致。

藏族同胞喜饮酥油茶，将茶叶在锅内熬好，滤出茶汁，倒入预先放有酥油和食盐的细长小木桶内，用木棒上下不断抽打，使茶汁和酥油充分混合，形成乳白色浆汁，然后倒入铜质或银质精美茶壶里，煨在火上，随时都能喝到热茶。过去，藏族上层人士才能天天喝酥油茶，平民要逢年过节或亲朋上门才打酥油茶，中下藏民饮卤茶，熬茶时加少量食盐，使饮之可口。不加盐不加酥油的清茶间或用来招待一般汉族客人。

在藏族社会生活中，茶叶占非常重要的地位。男婚女嫁，必用茶叶为聘礼，认为茶性不移，订婚用茶表示不反悔，象征婚姻美满幸福。婚嫁时，要熬煮好茶款待客人，茶色鲜艳，象征成家后夫妻感情和好。丧事熬茶，茶色黯淡，为不祥之兆。生下儿女，熬茶色泽鲜明，将来定是英俊人才，亲朋前来祝贺，希望小孩长大能够背茶运茶。藏族普遍相信茶能治病，如遇伤风感冒等病症，必饮大量热茶，全身汗出而病除。藏族人民能歌善舞，每遇节日喜庆，歌舞完毕就地共饮酥油茶，以此为快。笃信喇嘛教的藏胞朝庙拜佛，大多奉献茶叶。民间互相馈赠，也以茶为贵。

## 一、藏族饮茶习俗形成的原因

藏族人是没有不嗜爱酥油茶的，有些情况会使外来人产生一种神秘之感。从内地海拔低的地方来到高原以后，常常被冷峭的寒风吹得脸皮皱裂，甚至被高原缺氧折磨得头晕、气急、心慌呕吐，遇到这种时刻，藏族老乡会劝你喝上几杯酥油茶。藏民们说，在高寒的旅途中，当你饥肠辘辘时，喝上一碗酥油茶，浑身马上会增添力量，消除困顿。特别是在那狂风怒吼，滴水成冰的隆冬，什么都比不上待在家里喝几碗酥油茶惬意舒适。热茶落肚，全身暖烘烘的。甚至有人说，当你身体欠佳、卧床不起时，喝上一碗酥油茶，或者喝上一碗浓清茶，便能解毒疗疾，消病去邪了。

藏文史书《藏汉史集》记载了一个关于藏族地区茶叶来源的故事：

有段时间，国王都松莽布支（赤都松）生了一场重病，而当时吐蕃没有精通医学的医生，国王只能通过饮食和行动加以调理。某天，当国王安心静养之时，王宫屋顶的栏杆角上飞来一只从未见过的美丽的小鸟，它的口中还衔着一根树枝，枝上有几片叶子。国王看见了小鸟，起初并没有注意它。第二天太阳刚刚升起时，小鸟又飞来了，还和前一天一样啼叫。国王对此情景不禁犯疑，派人去查看，将小鸟衔来的树枝取来放到卧榻之上。国王发现这是一种以前没有见过的树，伸手摘下树叶的尖梢放入口中品尝其味，觉得清香。加水煮沸，成为上好饮料。于是国王召集众大臣及百姓，说："诸位大臣及平民请听，我在这次病中对其他饮食一概不思，唯独小鸟携来的树叶作为饮料十分奇妙，能养身体，是治病之良药。对我尽忠尽力的大臣们，请你们去寻找这样的树长在何地，对找到的人我一定加以重赏。"吐蕃的臣民们遵命在吐蕃的各个地方寻找，俱未找到。大臣中有一名最为忠心、一切只为国王着想之人，沿着吐蕃边境寻找，看见汉地有一片密林，笼罩紫烟，就前往该处。他心想："那边的密林之中，必定有这样的树木。"密林的这一边，有一条大河，渡不过去，却隔着河望见那种树就长在对岸林中。

大臣想起国王之病，决心冒险过河。此时忽然有一条大鱼在他面前出现，游过河去。使大臣看到河面虽然宽阔，但水深并不足以淹没人，心中大喜，就沿着鱼游过的路线涉过大河。大臣到达森林之中，只见大多数都是小鸟带来树枝的那种树，心想："这必定是鱼王显现，为我引路。"他欢喜不尽，采集此树树枝一捆。又思量道："此物对我王之病大有效用，中间道路如此遥远，若有人前来帮助背负，或有一头驮畜，岂不更好。"想到此处时，忽然有一白色母鹿，不避生人，跑到身前。大臣想："此鹿或者可以驮载。"乃试验之，果然如愿，于是将此树枝让母鹿驮上一捆，大臣自己背上一捆，返回国中。路上跋涉，非止一日。一月之间，母鹿驮载，直送大臣到达能望见吐蕃国王宫城之处。吐蕃大臣在此处召集民夫，将树枝送到国王驾前。国王十分欢喜，对此大臣重加赏赐。国王疗养病体，亦大获效益。

这个故事中所提到的“奇妙的树叶”即为茶叶。

唐代的《封氏闻见记》也载：“按此古人亦饮茶耳，但不如今人溺之甚，穷日穷夜，殆成风俗，始自中地，流于塞外。”

藏族饮茶历史悠久，其中包含的饮茶习俗的形成与当地的地理环境息息相关，但更重要的是，正是因为藏族同胞的集体智慧赋予了这些饮茶习惯更深的文化内涵，使它成为中国饮茶文化的重要组成部分，影响深远。据历史文献记载，印茶入藏时，曾遭到西藏地方政府及广大藏族人民的共同抵制，英国人贝尔都承认“凡是藏人踪迹者，无不嗜茶，即在大吉岭山下的西藏居民，亦不顾大吉岭所产名贵之茶，偏喜历尽艰辛山路而运入的中国之茶。中国茶较贵，而人民又贫，但仍视为不可缺”。由此可见藏区与汉区的茶叶经济贸易在一定程度上还维护了祖国的统一。与此同时，藏族新颖的饮茶文化和饮茶方式也逐渐传入内地，加强了汉藏人民的相互来往和文化交流，促进了中华民族的团结统一。

## 二、藏族茶饮

在汉地，茶友们通常认为藏民饮茶来源单一，主要是产自于四川雅安的“大茶、刀茶、边茶”，而实际生活中，藏民饮茶的种类来源相当广泛，在大的茶叶市场，内陆地区有的茶叶，在西藏的城市里也可以买到。但相对来说，砖茶、沱茶和红茶则是藏族同胞制作茶饮品常见的三种茶叶。依据等级，藏族同胞还将茶叶分为细茶（也叫芽茶）和粗茶（又称剪刀茶、大茶或边茶）两种。通常来说，由于高原的原因，细茶冲泡出来虽有着味香清淡的良好表现，但与此同时则不能久泡，不像粗茶，可以长时间的熬煮。粗茶茶汤色味俱浓，饮之抗寒提神的效果非常显著，故深得藏族人民的喜爱。而在茶饮之中，虽清饮的方式也较普遍，但传统上，藏族同胞最爱的是奶茶和酥油茶。甜茶流行于最近一段时间，也开始遍布城市的大街小巷，为年轻人所喜爱。

老光明岗琼甜茶馆（毛娟 摄）

清茶，顾名思义，与内陆地区汉人饮茶方式类似，但稍有区别。清茶是藏族同胞中饮茶较为普通的方式。与汉人饮茶不同，藏族同胞纯喝清茶时，也是需要熬茶的，不过熬茶的时间不能太长，茶叶也不能放得太多。而且，喝清茶同样需要加盐，有的是在熬制的时候就加盐，而有的则是各人饮茶时依据自己的口味轻重往茶碗中添加盐。过去缺酥油时，家中有客来，就在清茶碗里放一块酥油，待酥油溶化后吹开浮油饮用，以此表示对客人的款待。这种方法也适用于没有条件打酥油茶的时候。西藏和平解放前不少农奴买不起茶，而是常喝一种名为“桑当”或“恰买”的叶子，掺杂有大量茶梗的劣茶。一锅茶熬淡以后，为了添色，加过一次碱，再加一次碱，熬了再熬，相沿十来天的茶渣，才舍得用去喂牲畜。有些家庭甚至只能用淡盐水代茶。

奶茶，顾名思义，将奶（通常为牛奶或羊奶）掺入到用红茶或粗茶熬制的清茶之中，制得奶香浓郁、茶味悠长的奶茶饮品。奶茶，乃藏族同胞特别喜欢的饮品，制作奶茶成为了家家户户必备的生活技能。制法简单介绍如下：将从市场上购得的砖茶捣碎（或撬散），放入熬茶的壶或锅中，添上水，加点盐熬至茶色呈褐红色，随即开始过滤，茶汤用专门的器具盛着，饮奶茶时依据自己的口味加入适量的新鲜牛奶或羊奶，而滤出的茶渣则再倾入茶壶里供二次甚至三次使用，做奶茶的人有时还用到长柄的铜勺在锅内上下舀动，使得茶和奶能更好地融合。奶茶，早已融入了藏区同胞生活的方方面面，在藏区，逢年过节或迎新娶亲的大事，奶茶便是敬献给尊贵的客人的第一道饮品，素有“年茶”、“喜茶”之称。结婚时滚的奶茶要红酽，因为它象征着婚姻美满幸福。在筵席期间，新娘要以奶茶敬客人，同时新婚夫妇为了表达对媒人牵线搭桥的感谢，还要向媒人献奶茶。最后在婚礼结束后还要唱以奶茶为内容的“送宾曲”，欢送宾客们，这一天才算完。

酥油茶，即酥油配茶，酥油是从牛羊乳中提取的油脂，而茶则主要来源于四川、云南及西藏林芝。酥油茶，被公认为藏族最流行也是最好的饮品。在漫漫历史长河中，酥油茶早已遍布在世界屋脊的城市抑或农村。只要有人烟的地方，你就可以闻到飘来的悠悠酥油茶香。酥油茶与奶茶制作方法类似，只是多出一道打酥油的步骤，这也是藏区女主人招待客人的一项非常费力的工作，现在常用电动搅拌机

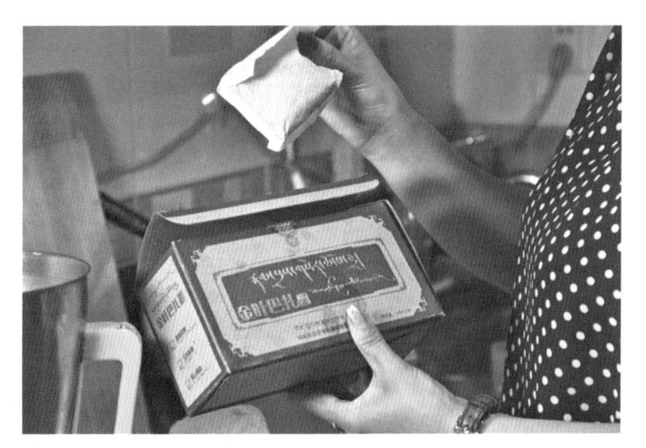

用来熬制酥油茶的藏茶包（毛娟 摄）

熬制酥油茶或清茶用的盐巴（毛娟 摄）

熬制酥油茶用的酥油（毛娟 摄）

熬制好的酥油茶（毛娟 摄）

代替繁重的人工。省事儿的做法，也可将酥油直接放入奶茶碗中，待其融化后饮用，但味道不及传统打出的酥油茶，以前主要在物质匮乏的时候采用。而生活在藏区的富裕家庭在打酥油茶时，有时还要放一两个生鸡蛋和茶水酥油一起打。藏族同胞事事不离茶，晨起要喝茶，出门要喝茶，起身要喝茶，即使晚上临睡觉前也要喝茶，故平均每人需饮十几碗之多。出门放牧，也会带上茶和壶，野外垒起三石灶，生出牛粪火（现阶段也有用酒精喷灯来代替的），丝毫不耽搁饮用酥油茶。酥油茶，不仅仅自用，而且还是接待亲朋好友的应酬品。作为客人，饮酥油茶时，边喝边添，不可一口喝完，否则视为牛饮，而热情的主人，总会将客人的茶碗添满；假若你不想再喝，就不要动它，待主人把碗添满，你就摆着；客人准备告辞时，可以连着多喝几口，但不能喝干，碗里要留点漂油花的茶底。这样，才符合藏族的习惯和礼节。

甜茶，是一种流行于卫藏地区（拉萨、山南、日喀则等地）的饮茶方式，因为茶饮中加了糖，故被人们称为甜茶。这种茶选用的是红茶熬汁（多半是云南产的），再加入牛奶（通常用鲜牛奶，也有用奶粉或罐装炼乳的）、白糖（一般为白砂糖、红糖或冰糖）。这种茶香甜可口，深受人们的喜爱，有如汉地大街小巷的奶茶。甜茶不像酥油茶和青稞酒一样，它的发明权不属于藏人，而是一种舶来品，据说甜茶传入西藏已有百余年的历史，关于甜茶是怎样传入西藏的，也有各种不同的说法。有人

人声鼎沸的甜茶馆及其售卖的甜茶
（甜茶一元一杯，把钱放桌上，就会有人过来为客人续杯）（毛娟 摄）

说英国人入侵西藏时，将喝甜茶的习惯留在了西藏；也有的说法是拉萨贵族们最早在穿梭于西藏、尼泊尔、印度的伊斯兰商人那里品尝到了甜茶。之后，这种饮品很快受到欢迎，有的上层家庭甚至专门从尼泊尔、印度请来厨师，这些厨师在制作西式菜肴的过程中，也有制作甜茶的功夫。于是，甜茶以更快的速度进入拉萨上层家庭，成了必需品和待客饮品。到今天，这一问题已很难考证，但甜茶成为这一地区藏族人民的日常饮品之一却是不争的事实。

除了以上所说的几种主要饮用方式外，茶在藏区还有一些其他的做法。

炒茶：将酥油或菜籽油在锅中烧化，放入少量糌粑和舂碎的核桃仁炒匀后，掺入清茶，煮沸后倒进酥油茶桶，加少许奶或奶粉，放入一两个鸡蛋舂捣均匀而饮。炒菜是款待贵客或产妇滋补的特制佳品。

糌粑茶：先将茶叶烘干，舂为细末，用时将茶末投入水中熬煮，待茶汁渐浓时，再洒入一些糌粑面和少量盐，使茶汤成为稀糊状。

油茶：在藏东地区流行，将酥油、糌粑、茶叶、盐巴混合一起，煮成糊状，不但营养丰富，并能治疗疾病，据说产妇食用，身体康复快，且奶汁丰富。在农区流行的油茶则是将牛油（或肥牛肉）、猪油（肥猪肉）用刀切成小丁，然后放入锅中炸炒，待油熟后，放入少许面粉或糌粑，再掺入清茶并加盐，边掺茶边用锅铲搅拌，待搅拌均匀后即成。

核桃酥油茶：是把舂碎的核桃仁与清茶水加酥油用酥油茶桶捣匀而成，不失核桃的香味 。

奶渣茶：是在清茶里放碎奶渣和少许糌粑煮沸喝。在旧时的上层社会中喜欢用磨成粉末的奶渣加放在甜茶 、奶茶 、酥油茶里饮用和用来待客 。

面茶：是在清茶里放少量带麦的灰面煮沸喝，被认为是老人、病人和产妇的滋补茶。

牛油或羊油茶：将切碎的牛羊油在锅里熬化，加少许糌粑翻炒均匀，再掺入清茶煮沸喝。这种油茶能御寒充饥，为秋冬的饮料。

还有一些被认为有药用功效的烹茶法：煮茶时还加入草果、姜片、花椒等一起熬煮，味道鲜美可口；或将一种带有药味、细嫩的草叶（形似柳叶），炒成黄色，加入茶汁中久煮，俗称“茸芥茶”，据说这两种方法都有治伤风头痛之功效。还有以骨头汤做的“骨汤茶”、以牛骨髓熬化的“牛油茶”，都被看作是冬令祛寒壮身的滋补饮料。藏区除糌粑外，还有干奶渣，都是与茶相配的干食品。糌粑或用手捏成团吃，边吃边喝茶；或是在碗内先放糌粑，然后倒上茶，直至舔尽喝足，这种吃法叫舔“卡的”；若吃干奶渣，则先在碗里放上一些干奶渣后，再倒入茶泡奶渣，食尽奶渣。

除了藏人自己饮用，茶还可作牲畜精料。在茶叶珍贵的年代，熬过的茶叶渣人们一样很珍惜，把它们揉进糌粑里喂马用，以增强畜力，这种喂养马匹的方式在格萨尔故事中也能找到。

## 三、藏族茶礼茶俗

茶贴近老百姓的生活，千百年来茶已成为人们生活的重要组成部分，在长期的社会生活中逐渐形成的以茶为主题或以茶为媒介的风俗、习惯、礼仪，即茶俗。茶俗是关于茶的历史文化传承，是人们在农耕劳动、生产生活、文化活动、休闲交往的礼俗中所创造、享用和传承的生活文化。我国幅员辽阔，人口众多，饮茶习俗也千姿百态，各呈风采。

综观藏族人民的喝茶习惯，上年纪的人和老人喝的茶水多，头道茶的酽茶也多是老人喝。相对说，年轻人喝的茶较少、较淡。藏族有敬老的风俗，凌晨老人起床前，主妇或儿子就要送上几碗茶。老人喝完茶后，还要再睡一会才起床。每位老人都有一个专用茶碗，别人不能使用。老人去世后，要把这个终生茶碗供起来，长期保存纪念。

来客时，如家里的老人年岁最长，辈分最高，那么最尊贵的座位仍由家里的老人上座。敬茶时，也要先敬老人，后依次按辈分、长幼向客人敬茶。敬茶、敬酒的习惯相同，都是满碗满杯，不满碗满杯算是失礼。敬客的茶碗，不能有破裂的痕迹。如不慎出现茶碗有破裂迹印，也是主人的失礼，甚至引起客人的不满，愤然离去。上茶时，茶水不能溢出。敬男客用大碗，敬女客用小碗盛茶水。敬茶时要鞠躬弯腰，双手奉上，客人亦要起身双手相接。在许多人家随时都有热茶，熬好的清茶或打好的酥油茶，用茶壶或双耳大肚瓦锅终日温在烧有小火的火塘上，或烧木炭小火的火盆上。在牧区是用牛粪、羊粪火温茶。在甘 、青藏区、土族地区主要烧煤温茶。

藏族人民的习惯，早上可以什么都不下肚，但茶却非喝不可。人们常常在车站、渡口和机场的候机室里，见到那些身着藏装的老阿爸、老阿妈和送行者，背着装满酥油茶的暖水瓶或提着盛满酥油茶的闪亮银壶。他们把向远行亲友的送茶，作为分别时的礼爱，祷祝亲友一路平安。在医院里，前来探视病人的亲友们，也是带来一壶浓浓的酥油茶。病人也因为有人送茶而感到温馨和安慰。许多参加工作的藏族干部和职工，他们计划自己一月之中的开支，第一项就是买多少茶叶，多少酥油。农民下地劳动，牧民出去放牧，除了带农具、背筐和鞭子，总忘不了带上熬茶的"汉阳锅"，就地拣一些牛羊粪烧燃熬茶。

以藏族为主体的青藏高原各族人民的茶文化，从他们生产生活、道德风尚的各个方面都有着生动的体现。除了如前所述的茶俗、茶礼、茶具、茶艺等都是藏族传统文化的一部分。另外，还从多方面表现出茶文化的内涵。在婚姻的每一道程序中，敬茶乃是增进感情的媒介。在藏族、门巴族、裕固族、土族、夏尔巴人等这些信仰藏传佛教的民族共同体中请媒说亲时，首先要提着一壶酥油茶、一壶青稞酒敬献女方父母，有了感情时才提亲事。迎亲时女方要向迎亲人、新郎、媒人敬茶。到男家时，要向送亲人、新娘敬茶，特别是要向念祈祷经的喇嘛敬茶。敬茶要90度鞠躬，双手奉上。对参加婚礼的客人，也要多次敬茶，表示亲切和礼敬 。敬茶成为婚礼过程中不可缺少的礼俗。

成年人逝去的丧事，也贯穿着敬茶、敬酒的礼俗。对逝者的供品，除了主食，也必有茶、酒。请喇嘛念经，首先要奉敬酥油茶，喇嘛在家念经作法期间始终不能断茶。司葬者要让他们随身带一壶酥油茶至葬场喝。

总之，以藏族为主的高原茶文化，是有其历史、政治、地理、生理需要等多种原因。通查以往，藏族的茶文化，贯串着汉藏关系发生、发展的重大历史事件。在唐代形成的不可分割的舅甥关系，元明清以来形成中央一统的中华民族大家庭在政治经济文化中共同发展繁荣的紧密关系。这在我国多民族的茶文化中，以藏族为主的高原茶文化，又有着其独特的地区特点。它独具芳香的斑斓色彩，亟待我们进一步去发掘研究。

藏族本就是一个讲究礼仪的民族，饮茶之俗中也就包含了许多礼仪之规。日常饮茶，讲究长幼有序、主客有序。在藏区,家中喝茶，煮好茶必先斟献于父母、长辈。"客来敬茶"则是最常见最基本的待客礼节，不论是宾至客来，还是请亲朋好友帮忙，作为待客之礼，茶是一定不会少的。过去在大部分的藏族人家中，都有煨在火钵上的茶壶，主人会先将茶壶轻轻摇晃后，然后右手执壶，左手心朝上，为客人斟茶，对于尊敬的客人，主人要当面用清水将碗再洗一遍，揩干，茶碗要洁净，不能有缺口、裂纹，主人敬茶要用双手，客人也会双手接茶。喝茶不能太急太快，不能一饮到底，否则会被讥笑为"毛驴饮水"，喝茶时也不能作响，而要轻要慢，发出声响会被当成缺少修养的表现。在饮茶的过程中，主人会及时为客人碗中续满热茶，除非客人"捂碗谢茶"表示不能再喝。一般到藏族家做客，如果只喝一碗，有不领情之嫌，所以拉萨有名谚语“一碗成仇人”。在西藏山南洛扎县嘎布乡还有给喝茶的客人敬茶时唱茶歌的习俗，用意是在喜庆的场合不让喝茶的客人感到“怠慢”，能与喝酒人一样兴奋高兴。在敬茶时，藏族人还从茶的浓淡来判定主人的家境好坏与待客的大方程度。藏谚又道：“想要败坏家名，就会淡化茶酒。”民间有许多有关主人吝啬的笑话故事。

有户人家来了个客人，女佣问吝啬的主妇要不要打茶，主妇指着鼻子，又摸了耳朵，然后说快去打茶。主妇的这些手势暗示女佣打一壶清如鼻涕的淡茶，放入大小如耳朵一般的酥油即可，明显看得出主妇对来客的勉强招待。

还有一个故事：

有家人请裁缝到家中做衣服，这裁缝师以前来过这家，知道主妇吝啬，给他粗茶淡饭，而她家的茶具镶金带银，裁缝师在这家做工也很不精细。这次又请他做衣服。一进门，主妇就嘲讽裁缝师：“你好！（衣服）不破之前先开线口的裁缝师。”裁缝师也不甘示弱，对着她嘲讽道：“你好！阿妈金银鼻涕啦。”意思是说倒在金银茶具里的茶淡如鼻涕。一番相互嘲讽后裁缝做衣服时，主妇看到裁缝师又在粗心地缝制衣服，便绕着弯说：“那个马怎么跑得那么快，它想要到什么地方去？”裁缝师对答：“可能要去水好草肥的地方。”嘲笑意指，你这家茶淡饭不好吃，我当然向往好吃好喝的地方。

所以在西藏，如果有客来，好客的人家总会端上醇厚浓香的茶敬上，以示待客之礼。不仅日常生活中饮茶有礼，茶还被人们寄予了情感和祝福，在民间的各种礼仪中，茶都是不可或缺之物。《西藏图考》记载：“西藏婚姻……得以茶叶、衣服、牛羊肉若干为聘焉……人死吊唁，富者以哈达问，并献茶酒。”在一些地区，男方求婚与订婚时都会带着茶与酒去女方家，如果女方家庭喝了带去的茶酒，就表示接受；在结婚当天，男方也会准备许多茶酒招待迎亲者及来宾。有的地区新娘经过的路上，乡亲邻里在门口摆上茶叶和盐巴，迎亲者边走边收，这不但是一种礼物，而且也有祝福的意思。办丧葬之事也会用茶酒待客或送礼。不同之处在于如果是办丧事，送茶之人在返家时必须将容器中的茶酒倒干净，如果办喜事则在桶或瓶中留下一点，称之为“羌坯”和“橙坯”，会带给自家喜庆和吉祥。除了婚丧嫁娶，平日的人际来往，也常以茶为礼。亲朋好友、邻居生病或出行，人们也要送上一壶滚烫的酥油茶，前往看望或送行。生了孩子后，同村的人和亲戚都要带上茶和酒、酥油等前来祝贺。在农牧区的节日活动时，茶叶还会作为奖品，褒奖赛马等比赛中的佼佼者。在某些地区的茶会中，茶还成为青年男女爱情的介质。

除了作为礼物，茶还可作祭祀之物使用，在家中，主妇清晨熬完茶后会往灶台上倒一点，表示给神灵献上了第一道茶；在野外使用三石灶，离开时也要在灶石上放少许茶叶或食物，以示对灶神的敬奉；人若有不适，便将茶叶或糌粑放入火中，以烟熏之，认为可以驱邪。《汉藏史集》中还记载了茶的占卜功能：茶水刚刚注入茶碗，辨识茶汁中出现的影像可以预示吉凶。

## ● 延伸阅读

### 打酥油茶

酥油茶桶，一般高1米多，直径约15厘米。把烧好的茶水注入桶内，丢进多少不等的酥油，加点盐，用一有长柄的活塞上下舂捣上百次，即成酥油茶，再倒入壶内，稍予加热，便可随时饮用了。小茶桶只长2尺上下，碗口粗细，有不加琢磨的，也有精雕细作的，随身携带，在旅途或外出期间使用。酥油桶的制作十分讲究，要以质地坚实的木材制作，雅鲁藏布江中下道一带的红桦木，便是做酥油桶的好材料，桶部用木板围成，外围上下各以树藤或铜铁皮包箍。带柄活塞叫做“甲罗”，甲罗是在比桶口小的圆木板中心安上一根比桶长30厘米的木柄，底端的圆盘上有齿孔，在打茶时起活塞作用。讲究的酥油茶桶除上下箍以锃亮的铜皮外，木柄同样用铜箍在把手部分，桶身上另加数道装饰铜环，刻有吉祥花纹的图案，作为酥油桶的装饰，豪华气派，实用美观。藏族还有少部分以竹作原料的茶桶，但由于气候干燥，容易开裂，使用并不普遍。

大酥油茶桶有合抱粗，一人多高，多用于有上千名喇嘛的大寺院。像拉萨哲蚌寺有喇嘛7700人，色拉寺有喇嘛5500人，甘丹寺有喇嘛3300人，日喀则札什伦布寺有喇嘛5700人。这类大寺，念早经的喇嘛，在一个大经堂里就有千人上下，所以要用这种大酥油桶打酥油茶供应。大酥油桶固定捆靠在大木柱上，防止打酥油茶时有倾倒的危险。桶旁设一个稳固的高于茶桶的站台。打酥油茶时，由一强壮高大的喇嘛站上台去，为了安全腰部也要捆靠于近茶桶的柱上，双手紧握带有活塞的粗木柄甲罗，上下提拉捣舂百余下，酥油与茶水即渗透融合成酥油茶 。

在打酥油茶附近的火炉上，支放四五口大铜锅，大铜锅的口径约1.5米，深约2米。像西宁塔尔寺（有喇嘛5000余人）300年前造的熬茶大铜锅，最大的直径2.6米，深达1.3米；最小的一口锅口径1.65米，深0.9米。水将沸时，每口锅丢下重约数斤的茯茶或砖茶，加一点碱，熬成茶汁后，向大酥油桶内丢下几斤酥油，再加上适度的盐，注入茶水舂捣成酥油茶。然后由几个身强力壮的喇嘛，人执一把盛满酥油茶的大铜壶，壶高3尺左右，能盛百碗以上酥油茶。执壶人一手提壶把，一手端扶茶壶嘴部，向排列成行盘腿端坐长垫上念经的每一个喇嘛倒茶。喇嘛们伸出茶碗，皆被盛满。在念早经期间，人均得饮3碗酥油茶。砖茶可熬3次，且茶色尚好。茯茶只能熬1次，再熬就淡而无味了。新茶和黑砖茶是贵族或上层喇嘛喝的。寺院买的或布施来的新茶、好茶，除留下给上层喇嘛打酥油茶用的，都要入库保存，要先把陈茶用光 。

藏族喝茶基本用碗，有木、瓷、玉、银等多种质料的碗。在西藏民间，最早使用的饮具应是陶碗，在昌都卡若遗址的出土文物中便有陶碗5件。后来陶碗较少使用，主要以木碗为主，其使用历史也很悠久，在敦煌文献《吐蕃羊骨卜辞》便有使用木碗的多次记载。西藏林芝地区的朗县、察隅，山南地区的加查、隆子、错那，阿里地区的噶尔，云南迪庆等地均产木碗。木碗主要以桦木或杂木的树瘤加工制成，工序复杂。首先要选木质坚硬的树种，其木质细密，花纹也别致。其次是制作毛坯，要将树根砍至球形晒至半干，然后高温煮，再晾干。而后的工序定型最为重要，关系着木碗的质量、造型和大小。然后是上色和打磨。最后一道工序则是涂油，之后一个普通的木碗便制作完成。上等质料的木碗，还要进一步的加工，木碗内壁和碗座用银皮镶嵌，既珍贵又精美，有的还配以银质宝盖，更甚者，木碗通体镶银雕花，碗腰处只留有指宽的部分，能看出碗胎是木质的。其上为碗盖，下为碗托，均为银质。盖成塔形，雕银嵌金，顶端一颗红玛瑙为手柄。碗托尤其别致，是盛开的八瓣莲花状，每瓣上有一幅吉祥图案，八瓣合成传统的八祥瑞图案。一些富裕人家的茶具更是价值连城，上面还镶有各种珠宝。木碗不仅美观细致，而且经久耐用，具有盛茶不变味，散热慢，饮用不烫嘴，携带方便等诸多优点，因此深得藏族人的喜爱。据说以岩柏、白青和桦树树根、树瘤制成的木碗还有防毒的功能。值得一提的是，藏族地区还流行有揣碗习俗。家中喝茶要各自用自己的茶碗，父母、夫妻的碗大小有别，出门也要将自己的茶碗放在怀中随身携带。不同阶层的人用的木碗也各有不同。据说民间说唱艺人的木碗最大，“能装五磅暖瓶的酥油茶”。往日西藏地方政府的高级官员随身携带的木碗，是装在碗套里，名为“布雪”，俗官挂在腰边，既是一种装饰，又是官阶大小的标志。每逢各种聚餐的场合，贵族们都掏出木碗吸饮酥油茶或喝碎肉“土巴”。僧俗官员早晨朝拜达赖喇嘛的时候，每人照例被赏赐三碗酥油茶。他们一边聆听达赖或摄政王的训示，一边不停地啜饮碗内的酥油茶。

# 参考文献
REFERENCE


[1] 刘贯一. 帝国主义侵略西藏简史[M]. 上海：世界知识出版社，1951.
[2] 何仲杰. 南路边茶史料[M]. 成都：四川大学出版社，1991.
[3] 施兆鹏. 茶叶加工学[M]. 北京：中国农业出版社，1997.
[4] 李红兵. 四川南路边茶[M]. 北京：中国方正出版社，2007.
[5] 刘勤晋. 茶文化学[M]. 第2版. 北京：中国农业出版社，2007.
[6] 李朝贵，李耕冬. 藏茶[M]. 成都：四川民族出版社，2007.
[7] 骆耀平. 茶树栽培学[M]. 北京：中国农业出版社，2008.
[8] 施兆鹏. 茶叶审评与检验[M]. 北京：中国农业出版社，2010.
[9] 方永建. 茶树栽培技术[M]. 北京：中国农业出版社，2011.
[10] 陈宗懋，杨亚军. 中国茶经[M]. 上海：上海文化出版社，2011.
[11] 江用文. 中国茶产品加工[M]. 上海：上海科学技术出版社，2011.
[12] 夏涛. 制茶学[M]. 第3版. 北京：中国农业出版社，2014.
[13] 周安勇. 茶马古道（荥经文史第十辑）[M]. 雅安：中国人民政治协商会议四川省荥经县委员会，2016.
[14] 杨天炯. 蒙山茶飞跃历程[M]. 成都：四川科学技术出版社，2018.
[15] 四川省地方志编纂委员会. 四川省志・川茶志【第八十三卷】[M]. 北京：方志出版社，2019.
[16] 朱旗. 茶学概论[M]. 第2版. 北京：中国农业出版社，2020.
[17] 周重林，太俊林. 茶叶战争·茶叶与天朝的兴衰（修订版）[M]. 武汉：华中科技大学出版社，2021.
[18] 央倩. 论藏族茶文化[D]. 北京：中央民族大学，2005.
[19] 迟艳娜. 雅安藏茶的可持续发展研究[D]. 北京：中央民族大学，2009.
[20] 吕晶晶. 青海古代地方茶事、茶文化[D]. 西安：陕西师范大学，2012.
[21] 赵淑雅. 民国时期康区南路茶商研究[D]. 成都：四川师范大学，2019.

[22] 徐廷筠，季廷松，杨文炯，等．漫谈边茶[J]. 茶叶，1980,（4）：39–41.
[23] 陈一石．清末印茶与边茶在西藏市场的竞争[J]. 思想战线，1985,（4）：76–80.
[24] 陈一石．清末的边茶股份有限公司[J]. 思想战线，1987,（2）：79–84.
[25] 刘英骅，王孟冬．边茶市场竞争中价格策略的浅析[J]. 茶叶通讯，1987,（1）：47–50.
[26] 吴从众．藏族和茶[J]. 西藏研究，1993,（4）：60–68.
[27] 刘凯．藏族的茶史和茶俗[J]. 西藏艺术研究，2001,（1）：83–85.
[28] 齐桂年，田鸿，刘爱玲，等．四川黑茶品质化学成分的研究[J]. 茶叶科学，2004，24（4）：266–269.
[29] 姜波，田维熙，齐桂年．四川边茶提取物对脂肪酸合酶的抑制作用[J]. 中国科学院研究生院学报，2007，24（3）：291–299.
[30] 陈应娟，齐桂年．康砖茶品质形成机理研究进展[J]. 福建茶叶，2010，32（5）：8–12.
[31] 赖鲜．雅安藏茶：中国非物质文化遗产的瑰宝[J]. 四川省情，2012,（4）：33–35.
[32] 邹瑶，齐桂年，刘婷婷．四川边茶的品质形成机理及保健功能[J]. 贵州农业科学，2013, 41(7): 49–52.
[33] Houyuan Lu，Jianping Zhang，YiminYang，et al. Earliest tea as evidence for one branch of the Silk Road across the Tibetan Plateau [J]. Scientific reports，2016, (6):18955.
[34] 陈书谦．雅安藏茶的前世今生[J]. 中国茶叶，2017,（7）：45–47.
[35] 蒋金星，何华锋，桂安辉，等．中国黑茶的起源与加工工艺[J]. 中国农学通报，2017，33（25）：70–75.
[36] 许靖逸，李祥龙，李解，等．雅安藏茶茶褐素对 $^{60}Co\ \gamma$ 辐射损伤的防护作用[J]. 核技术，2017，40（4）：040301.
[37] 李解，吴家乐，谭晓琴，等．雅安藏茶茶褐素对 $^{60}Co\ \gamma$ 射线辐照损伤小鼠抗氧化和造血功能的防护作用[J]. 核农学报，2017，31（08）：1509–1514.
[38] 罗莉．雅安藏茶产业的变迁发展[J]. 民族学刊，2019，10（1）：22–30，102–104.
[39] 胡燕．雅安藏茶的主要活性成分及保健功能研究进展[J]. 食品工业科技，2019,（5）：316–321.

[40] 乔小燕，陈维，马成英，等. 不同仓储地康砖茶生化成分比较分析[J]. 广东茶业，2019，（5）：7–10.

[41] 乔小燕，操君喜，车劲，等. 不同贮藏年份康砖茶主要成分差异及其抗氧化活性比较[J]. 现代食品科技，2020，36（8）：48–55，264.

[42] 乔小燕，操君喜，车劲，等. 基于滋味和香气成分结合化学计量法鉴别不同贮藏年份的康砖茶[J]. 现代食品科技，2020，36（9）：260–269，299.

[43] 李梦婷，丁以寿. 论鸦片战争前茶叶在中美贸易中的地位及其成因[J]. 安徽农业大学学报（社会科学版），2020，29（1）：121–125.

[44] 蒋千惠. 浅析藏族饮茶文化与习俗[J]. 青年文学家，2020，（36）：146–147，150.

[45] 谈峰，何春雷，胥伟，等. 藏茶卧式发酵机的设计和试验[J]. 湖南农业大学学报（自然科学版），2021，47（1）：89–95.

[46] 谈峰，胥伟，唐瑛蔓，等. 藏茶设备渥堆工艺优化与品质分析[J]. 中国食品学报，2021，21（8）：235–244.

[47] 中华人民共和国供销合作行业标准. GH/T 1120–2015 雅安藏茶[S].

[48] 中华人民共和国供销合作行业标准. GH/T 1233–2018 雅安藏茶企业良好生产规范[S].

[49] 四川省市场监督管理局. DB51/T 2785–2021 藏茶煮泡及调饮方法[S].

**图书在版编目(CIP)数据**

第一次品藏茶就上手：图解版 / 胥伟，陈盛相主编
. --北京 ：旅游教育出版社，2022. 5
（人人学茶）
ISBN 978-7-5637-4390-2

Ⅰ. ①第… Ⅱ. ①胥… ②陈… Ⅲ. ①品茶—图解
Ⅳ. ①TS272.5-64

中国版本图书馆CIP数据核字(2022)第044231号

人人学茶
**第一次品藏茶就上手（图解版）**

胥伟　陈盛相◎主编

| | |
|---|---|
| 策　　划 | 赖春梅 |
| 责任编辑 | 赖春梅 |
| 出版单位 | 旅游教育出版社 |
| 地　　址 | 北京市朝阳区定福庄南里1号 |
| 邮　　编 | 100024 |
| 发行电话 | (010)65778403　65728372　65767462(传真) |
| 本社网址 | www.tepcb.com |
| E-mail | tepfx@163.com |
| 排版单位 | 卡古鸟艺术设计 |
| 印刷单位 | 天津雅泽印刷有限公司 |
| 经销单位 | 新华书店 |
| 开　　本 | 710毫米×1000毫米　1/16 |
| 印　　张 | 12.75 |
| 字　　数 | 207千字 |
| 版　　次 | 2022年5月第1版 |
| 印　　次 | 2022年5月第1次印刷 |
| 定　　价 | 58.00元 |

（图书如有装订差错请与发行部联系）